Bernhard Eusemann

Genies oder Spinner?

Bernhard Eusemann

Genies oder Spinner?

Geschichten außergewöhnlicher Erfindungen

Mit Illustrationen von Steffen Butz

Bibliografische Information der Deutschen Nationalbibliothek

Die Deutsche Nationalbibliothek verzeichnet diese Publikation in der Deutschen Nationalbibliografie; detaillierte bibliografische Daten sind im Internet unter http://dnb.d-nb.de abrufbar.

Umschlaggestaltung: butenschoendesign.de
Umschlagmotiv: © Steffen Butz
Druck und Bindung: GGP Media GmbH, Karl-Marx-Straße 24, 07381 Pößneck
Satz: Urban Satzkonzept, Düsseldorf

Printed in Germany
ISBN 978-3-538-07622-8
www.albatros-verlag.de

Inhalt

Was Erfinder antreibt

Prämien, Messen und Patente

Der Glaube hält sich hartnäckig: Erfindungen lassen sich aus den Menschen gleichsam herauskitzeln. Deshalb bemühen sich Verbände, Wirtschaft und Politik mit allerlei Preisen und Wettbewerben, das innovative Klima zu fördern. Unternehmen umwerben ihre Mitarbeiter mit Prämien, um die neuen Ideen hervorzulocken. Im Visier der Förderer befinden sich auch ganz bestimmte Zielgruppen, deren kreatives Potenzial man für die wirtschaftliche Wohlfahrt glaubt erschließen zu müssen. Innovationsförderung findet sogar schon in der Schule statt, denn früh übt sich, was ein meisterlicher Erfinder werden will! Doch nicht nur Jugend forscht ...

Erfinden, als schöne Kunst betrachtet

Weltfremde Spinner, auf der Jagd nach schnödem Mammon, mehr oder minder Nützliches für den Alltag, Kuriositäten mit kaum zu erahnendem Verwendungszweck und ausgeklügelte High-Tech-Produkte: Alles mögliche fällt uns ein, wenn wir über Erfindungen nachdenken, Kunst allerdings eher nicht. Das war in früheren Jahrhunderten durchaus anders, als technische Dinge noch nicht von völlig profaner Natur gewesen sind. So diente das erste Patentgesetz der Vereinigten Staaten von Amerika – George Washington unterzeichnete es im Jahre 1790 – ausdrücklich zur »Förderung der angewandten Künste«. Wir wissen natürlich nicht, wie viele Tüftler es damals in Amerika gab. Patente allerdings wurden in jenem Jahr lediglich drei erteilt. Ein Jahrhundert später waren es bereits jährlich 24 000. Ein sprunghafter Anstieg angewandt arbeitender Künstler? Eher schon die Erkenntnis des wirtschaftlichen Nutzens von Patenten!

Präsident auf Mühlenklau

Erfindungsreiches Amerika: Vor allem die Pionierzeit der USA war eine Epoche, in der viele Männer und auch schon einige Frauen ganz unterschiedlicher Herkunft und Bildung mit immer neuen Verbesserungen, Maschinen und Apparaten glänzten. Das hatte sicher mit dem verbreiteten Gefühl zu tun, am Aufbau von etwas Neuem, dem Schaffen einer Welt und eines Gemeinwesens beteiligt zu sein; es zog seine Kraft aber ebenso gewiss auch aus der unliebsamen Tatsache, dass draußen im Westen viele Dinge nicht oder nur schwer zu bekommen waren, die in den Städten an der Ostküste Standard waren, von Europa ganz zu schweigen. Da wurde man schon erfinderisch, schließlich war der Verzicht auch so noch groß genug.

In diese Zeit nun fällt ein Ereignis, das manche Technikhistoriker mit den Worten würdigen, es sei der Beginn des Erfindens gewesen: Das amerikanische Patentgesetz erblickte 1789 das Licht der Welt. Am 31. Juli 1790 wurde das erste Patent erteilt, und zwar an Samuel Hopkins für eine Methode zur

Herstellung von Pott- und Perlasche, die man damals für die Produktion von Seife brauchte.

Es entbehrt nicht einer gewissen Ironie, dass gerade der spätere Präsident Thomas Jefferson für das Patentgesetz zuständig war. Denn er hielt nicht viel von solchen Schutzrechten, obwohl er selbst leidenschaftlicher Erfinder war. Nach seiner Meinung konnte es solche Rechte an Erfindungen nicht geben, da neue Ideen im Grunde immer eine Gemeinschaftsleistung vieler Menschen seien. Konsequent ließ er daher auch keine einzige seiner eigenen Erfindungen patentieren. Doch revidierte er später seine Meinung in einem Punkt und stellte fest, das Patentgesetz habe dem Erfinden großen Auftrieb gegeben, entgegen seinen persönlichen Erwartungen. Auch sonst verhielt er sich korrekt: Als nämlich 1805 der Kongress dem Erfinder Oliver Evans die Verlängerung eines Patentes verweigerte, übernahmen viele seine zuvor geschützte Getreidemühle, so auch der Aufseher von Jeffersons Plantage Monticello in Virginia; als diese Verweigerung jedoch drei Jahre später revidiert wurde, zahlte Jefferson 89,60 Dollar an Evans, ganz ordnungsgemäß, wegen Verletzung des Patents.

Schutz für den Grips

Manchem Erfinder erscheint ein Patent so ähnlich wie das Himmelreich. Denn ist es erst einmal erteilt, so kommt er gleichsam in den Genuss eines Monopols darauf, seine Erfindung wirtschaftlich zu nutzen. Freilich ist längst nicht alles patentfähig: Wissenschaftliche Methoden und Theorien etwa sind davon ebenso ausgeschlossen wie Heilverfahren der Medizin. Allein für technische Erfindungen ist solch ein Privileg vorgesehen, und diese müssen neu sein, dürfen also nicht bloß den aktuellen Stand der Technik variieren. Für andere Fälle ist eine Anmeldung als Gebrauchsmuster möglich.

So klar wie die Gesetzeslage ist die Wirklichkeit freilich bei weitem nicht. In der modernen Bio- und Gentechnologie beispielsweise herrscht seit Jahren Goldgräberstimmung, und die Sitten sind entsprechend ruppig. Dies umso mehr, als beim Gewinn bislang noch weithin das Prinzip Hoffnung vorherrscht, die Nuggets liegen nicht so üppig herum wie einst vielleicht am Klondike zur Zeit des großen Goldrauschs. Damit dann aber die künftigen Geldströme nicht an den heute forschenden Unternehmen vorbeirauschen, beantragen diese zunehmend Patente, die früher undenkbar waren: auf Tiere, auf Pflanzen, auf gentherapeutische Behandlung beim Menschen. Das berührt nicht allein rechtliche Fragen, sondern auch unser Selbstverständnis und moralisches Engagement für die belebte Natur.

Übrigens ist der Erfinder mit einem Patent in der Tasche nicht immer aus dem Schneider. Da es regional und zeitlich begrenzt ist, kann ein sehr umfassender Schutz ziemlich teuer werden. Ebenso schützt es nicht automatisch vor langwierigen Patentstreitigkeiten, etwa bei gleichzeitigen Erfindungen. Zudem muss ein Erfinder seine Erfindung zwangsläufig detailliert beschreiben, wenn er Schutz dafür beantragt. Aus all diesen Gründen beantragen manche Unternehmen im Einzelfall erst gar kein Patent, besonders bei Produkten, die rasch veralten. Man versucht, sich die Konkurrenz durch betriebliche Geheimhaltung vom Leibe zu halten – und durch ein Entwicklungstempo, das stets die wichtige Nasenlänge Vorsprung sichert.

Weltklasse?

Weltmeister im Erfinden sind ganz klar die USA, Japan und Deutschland. Auf sie allein entfallen 75 Prozent aller Erstanmeldungen von Patenten weltweit. Allerdings mit höchst unterschiedlichem Gewicht, wie die Zahlen für das Jahr 1998 zeigen: Während das inländische Aufkommen in Japan bei 359 381 und in den USA bei 135 483 lag, betrug es in Deutschland nur 47 633 Patentanmeldungen von Inländern. Doch Vorsicht mit voreiligen Schlüssen, die Zahlen sind nicht direkt vergleichbar, da sie Unterschiedliches aussagen. So kommt in Japan beispielsweise fast jede Anmeldung schon zur Veröffentlichung, und genau das spiegeln die im direkten Gegenüber der Länder fast schwindelerregend hohen Ziffern aus Fernost.

Auto fährt Computer davon

Gestiegene Anmeldezahlen, Patentamt sucht Mitarbeiter! Erstmals seit Jahren hat das Deutsche Patentamt für das Jahr 2000 seinen Etat aufgestockt, um neue Mitarbeiter einzustellen. Im Vorjahr wurden dort nämlich über 94 000 Patente angemeldet, was einem Plus von fast 13 Prozent entspricht. Mehr als 51 000 Anmeldungen kamen dabei übrigens aus dem Inland, ein Plus von über sieben Prozent. Der Bestand an Patenten betrug in jenem Jahr 371 816. Weil Zahlen immer einen soliden und verlässlichen Eindruck vermitteln, nimmt man deren Aussage gern als ersten Indikator einer Entwicklung. Da könnte man sich dann also zu dem Schluss hinreißen lassen: Es geht aufwärts mit dem Technologiestandort Deutschland.
Mindestens ebenso interessant wie trockene Zahlen ist aber die Frage: Was wird denn da eigentlich patentiert? Nicht so überraschend ist vielleicht, dass der Bereich Fahrzeuge im »Autoland« Deutschland seit Jahren unangefochten an der Spitze liegt. Doch mancher wird vielleicht über Platz elf für die Datenverarbeitung stutzen, scheinbar abgeschlagen hinter Maschinen und elektrischen Bauteilen, Medizin und Nachrichtentechnik, organischer Chemie und Energie.
Doch solche Listen taugen nur bedingt als Indikator für Wirtschaftskraft und Innovationspotenzial eines Landes oder einer Branche – zumindest muss man sie sorgfältig interpretieren. Und ohnehin finden sich immer wieder Kritiker, die ihren Wermutstropfen dazugeben müssen: So wissen Experten natürlich nur zu gut, dass ein Großteil der Erfindungen auf dem Weg vom Kopf zum erhofften Geldsegen irgendwo stecken bleibt. Ingenieur Eberhard Kübel, der seit zwanzig Jahren als Innovationsberater Hilfestellung leistet: »Von 2000 Ideen sind nach zehn Jahren noch elf erfolgreich auf dem Markt.«

Azubi forscht fast wie die Alten

»Jugend forscht« steht schon viele Jahre im Rampenlicht der Medien, der Wettbewerb ist bekannt im Land. Genauso in aller Munde dürfte die Tatsache sein, dass der Lehrling von einst heute nicht mehr in erster Linie als Reinigungskraft für die

Werkstatt gilt. Im Gegenteil: So manches Unternehmen versucht, schon bei den Auszubildenden das Interesse am Tüfteln zu wecken.

Die Pfleiderer AG in Neumarkt beschäftigt etwa ihre Auszubildenden mit ihrem Programm »Azubi forscht« vor allem mit Themen aus Arbeitswelt und Technik. Das Ergebnis stellt sie dann beim Regionalwettbewerb Oberpfalz von »Jugend forscht« aus. So entstand zum Beispiel der Multilocher 2000 der beiden technischen Zeichnerinnen Sabine Gehr und Antonia Mederer. Vermutlich waren sie das früher übliche Gefummel mit den Lochverstärkern leid und sannen auf Abhilfe. Die schufen sie nun, indem während eines ersten Arbeitsgangs die Lochverstärker automatisch transportiert und auf das Papier gebracht werden, und dann erst stanzt der zweite Arbeitsgang die Löcher. Das Ganze funktioniert gleichsam durch zwei entgegengesetzte Bewegungen an ein und demselben Hebel und entpuppt sich bei näherem Hinsehen als schlaue Fortentwicklung eines ganz alten Klassikers unter unseren Bürogeräten. Schon traditionell ist »Azubi forscht« mittlerweile auch in einer Sonderschau auf der Erfindermesse in Nürnberg vertreten, und »Jugend forscht« übrigens ebenso.

Lustig auf der Murmelbahn

Was nun das spezifisch Schöpferische im Akt des Erfindens sei, darüber gibt es viel Literatur und wenig Klarheit. Aber mit Kreativität hat es jedenfalls zu tun. Deshalb spornt man gelegentlich schon die Kleinsten an, ihrer Fantasie freien Lauf zu lassen. Denn früh übt sich, hat sich zu üben, was einmal ein Erfinder werden will – oder soll. Zum zwanzigjährigen Jubiläum der beliebten Kindersendung Löwenzahn etwa waren auch die jungen Fernsehzuschauer aufgefordert, verrückte Maschinen zu konstruieren. Sogar der Präsident des Deutschen Patent- und Markenamts, Hans-Georg Landfermann, zeigte sich fasziniert, wie »sich Kinder für eine Idee begeistern und sie mit viel Geduld und Ausdauer durch Tüfteln und Ausprobieren verwirklichen«.

Und welche Konstruktion begeisterte die Jury im August 2000 unter den gut 170 eingereichten Erfindungen am meisten?

Eine Murmelbahn mit elektrischem Aufzug und Wendeschaltung, die der junge Erfinder Alexander Hohmann zusammen mit Moderator Peter Lustig im Fernsehen vorstellen durfte.

Neue Alliancen

Hatsumai Kyokai – unter diesem klangvollen Namen sucht man in Japan den Weg zum Erfolg. Denn schon seit 1904 trachtet ein Institut dieses Namens, von früher Kindheit an Fantasie und Kreativität zu fördern. Flächendeckend wurde eine große Zahl von Erfinderclubs gegründet, mit einem einzigen Ziel: das innovative Potenzial der Kinder und Jugendlichen durch Anreize und Wettbewerb so zeitig wie nur möglich hervorzulocken und zu formen.
Weit weniger klingend hat sich in Deutschland seit einigen Jahren ein Verbundprojekt ähnlichen Zielen verschrieben: INSTI – Innovationsstimulierung der deutschen Wirtschaft. Auch hier will man Erfindergespür und Teamgeist fördern; das Ziel ist, die entsponnenen Ideen auch zu verwirklichen und auf den Markt zu bringen. Dazu finden sich nicht allein Schüler und Studenten in Clubs zusammen, sondern auch Unternehmer und gestandene Erfinder. Nicht im stillen Kämmerlein vor sich hindenken ist gefragt, sondern reger Austausch und frühzeitige Kontakte zur Wirtschaft. Das reicht vom Vortrag eines Experten im Erfinderclub bis zur gemeinsamen Vorbereitung von Messeauftritten. Firmen engagieren sich als Sponsoren und geben finanzielle wie ideelle Hilfe. Und auch das Bundesforschungsministerium unterstützte bis zum Jahr 2000 insgesamt 150 Erfinderclubs. Ein anderes Projekt in diesem Verbund sucht – noch als Experiment – mit verschiedenen Partnerschulen nach Möglichkeiten, wie Schüler konkret und praktisch Innovationsprozesse erfahren können und wie sich diese institutionalisieren und in den Unterricht einbauen lassen. Dazu erkunden die Schulteams in einer rund zehn Monate währenden »Tour d'Innovation« ihr regionales Umfeld in Bezug auf Innovationen und dokumentieren ihre Erkenntnisse.

Kriminalistischer Alltagsblick

Wer bei Hosenträgern an hemdsärmelige Verhörmethoden in französischen Polizeirevieren denkt, erweist sich zumindest als Kenner eines gewissen Genres des Gaunerfilms. Vielleicht aber auch als besonders bewandert in der abgründigen Welt des Erfindens und der Erfinder. Denn es war ein Pariser Polizeipräfekt, Louis Lépine, der 1901 eine mittlerweile internationale Erfindermesse initiierte: den Concours Lépine. Damals freilich kochte man noch auf kleinerer Flamme, wie die Gründungsurkunde ausweist: »In Paris wird ein nationaler Wettbewerb für Spiele und Gegenstände eingerichtet. Teilnehmen können Kleinkünstler, Heimarbeiter und Erfinder aus Paris und der Pariser Umgebung. Die vorgestellten Gegenstände dürfen den Kaufpreis von drei Francs nicht übersteigen.«
Schon bald jedoch feierten dort berühmte Erfindungen aus der ganzen Welt ihr Debüt, französische und ausländische Kreationen wurden mit zahlreichen Preisen und Medaillen gefeiert. Für die Erfinder sind die Auszeichnungen prestigeträchtig genug und so manche beglückte Firma rückt sie werbewirksam in die Produktinformation. Dennoch garantiert auch diese Plattform nicht sofortigen Erfolg, wie der Blick auf manchen heute alltäglichen Gegenstand mit anfänglichen Startproblemen zeigt: 1922 die Waschmaschine, 1930 der Rasenmäher, 1934 der Reißverschluss. Bis heute unverändert ist der Anspruch: solche Apparate, Gegenstände oder Maschinen zu fördern, die unseren Alltag grundlegend verändern. Und noch immer ist es der Pariser Polizeipräfekt, der alljährlich die Messe eröffnet. Mit drei Francs allerdings ist unser Leben heute nicht mehr so leicht zu verbessern.

Exoten des Alltags

Erfindermessen gibt es mittlerweile wirklich reichlich, große und vor allem auch viele kleine. Von den Veranstaltern primär als Forum gedacht, wo Tüftler potenzielle Vermarkter für ihre Erfindungen finden können, locken sie natürlich auch Schaulustige an. Dafür sorgt schon die passende Werbung, wenn etwa dem Publikum am Wochenende der »Zugang zur geheim-

nisvollen Erfinderwelt« gestattet wird, wie bei der Erfindermesse in Nürnberg. Doch am Ende ist der Besuch vielleicht. auch nicht mehr das Gaudium, welches es einst einmal war. Das darf man jedenfalls aus dem Blick auf ein gutes halbes Jahrhundert Geschichte dieser Messe schließen, nach Bekunden der Veranstalter heute die Nummer eins in Europa: Startete sie einst als Schau für Skurriles, auf der man sich schon einmal über innovative Exoten und deren bisweilen bizarres Verständnis von einem einfacheren Alltag amüsieren konnte, so liegen heute viele der präsentierten Erfindungen im Hightech-Bereich. Seit der ersten Ausstellung hat Nürnberg mittlerweile mehr als 20000 Einzelerfindungen gesehen.
Und womit konnten Erfinder dort den Lohn für ihre Mühen und Plagen einheimsen? Als Verkaufsschlager entpuppten sich beispielsweise die Inline-Skater, vor einigen Jahren in Nürnberg präsentiert und dann – nach dem Umweg über die USA – auch in Deutschland ein Renner; oder das Snowboard, heute auf allen Pisten der Welt zu Hause; oder ein dreiteiliges System zum Trennen von Müll, welches eine Erfinderin über die Messe in viele Haushalte brachte. Und wenn wir schon von der belustigenden Kraft des Exotischen sprechen: Auch manches dort zunächst belächelte Exponat schaffte den Sprung in den Markt: das feuchte Toilettenpapier, die sich selbst aufrollende Hundeleine, der Koffer mit den Rollen an der Unterseite. Also, Erfinder dieser Erde, nicht entmutigen lassen durch ignorantes Gekicher.

Preise, Preise, Preise!

Wettbewerbe für Erfinder und Preise für Innovationen gibt es mittlerweile jede Menge. Da verliert mancher Erfinder und der einfache Bürger ohnehin schon fast den Überblick. Doch wenigstens das Patentamt hat ihn noch, denn es ist in vielen der entscheidenden Gremien an der Auswahl der Sieger beteiligt. Die Gremien orientieren sich dabei an ganz eigenen Kriterien: Während viele Erfinder überaus stark auf technische Aspekte fixiert sind, bewerten die Juroren auch die wirtschaftliche oder die ökologische Bedeutung einer Erfindung. Gerade die fehlende oder doch jedenfalls mangelhafte Verwertungs-

strategie ist es meist, die zur Ablehnung führt und auch dazu, dass sich Erfinder so oft von der Gesellschaft missverstanden – und verkannt fühlen. Kurz, nach Meinung der Beurteiler erfinden sie am Bedarf und dem Interesse der Leute vorbei.
Was aber halten dann die Preisrichter für erfolgversprechend und damit einer Auszeichnung würdig? Ein paar Beispiele aus den Wettbewerben des Jahres 1998: Prämiert wurde da etwa – Chirurgen, aufgepasst – ein Wasserstrahl-Skalpell, mit dem selbst empfindliches Körpergewebe schnell und schonend geschnitten werden kann; oder eine Methode zur Entwicklung von Mikroprodukten wie einem Miniatur-U-Boot, das schon bald routinemäßig als medizinischer Kundschafter durch die Blutbahn des Menschen reisen soll; oder auch ein Mikrolaserstrahl als ein neues, physikalisches Werkzeug für die Gentechnik, mit dem sich Zellen berührungsfrei und somit steril manipulieren lassen. Auffallend ist, wie stark die ausgezeichneten Schöpfungen noch im wissenschaftlichen Bereich stecken. Der angepeilte Zweck mag einfach zu verstehen sein, die gewählte Methode zum Erreichen des Zieles ist es jedoch nicht unbedingt.

Edison erfindet das Erfinden neu

Nach turbulenten Jahren als Erfinder und Fabrikant fasste Thomas Alva Edison im Frühjahr 1876 den Entschluss, sich nur noch aufs Erfinden zu verlegen. Ganz lassen konnte er das Unternehmertum aber doch nicht, und so erfand er eine Art »Erfindungsfabrik«: Jeden zehnten Tag wolle er in seinem Laboratorium in Menlo Park eine kleinere Erfindung in die Welt setzen, tönte er, und alle sechs Monate eine große. Zu seiner Ehre muss man sagen, dass Edison, der in seinem Leben mehr als 1000 Patente anmeldete, so ziemlich Wort gehalten hat.
Allerdings war er dabei nicht allein, denn Menlo Park war der Vorläufer dessen, was man heute eine »Denkfabrik« nennen würde: Edison nahm eine Reihe hervorragender Techniker und Wissenschaftler mit hinaus in jenes winzige Nest, rund zwanzig Kilometer vor New York. Dort hatte er im Obergeschoss eines lang gestreckten Baus, der von außen eher an

eine Scheune erinnerte, ein großes Laboratorium eingerichtet. Die technische Ausrüstung hatte 40000 Dollar gekostet, und in diesem Prototyp eines industriellen Forschungslabors wollte Edison nicht nur eigene Erfindungen machen, sondern mit seinen dreizehn Leuten auch Auftragsentwicklungen durchführen. Praktisch sollten die Erfindungen in jedem Falle sein und selbstverständlich in blanke Münze umwandelbar, denn der hehre Geist akademischer Wissenschaft war seine Sache nun wirklich nicht.

Trotzdem hatte er keine Probleme damit, 1878 einen Physiker reinsten Wassers einzustellen, nämlich Francis R. Upton, der nicht nur im edlen Princeton studiert, sondern obendrein in Deutschland bei Hermann von Helmholtz seine höheren Weihen empfangen hatte. Er wolle jemanden »zur Hand haben, falls mal etwas zu berechnen sei«, umschrieb Edison in seiner schnoddrigen Art das Motiv für die Einstellung Uptons. Auch sonst schlug er, dessen charakterliche Eigenschaften nicht gerade das Lob seiner Biographen auf sich zogen, oft einen recht eigenwilligen Ton an. Als etwa William J. Hammer bei ihm anheuerte, der später zu einer Koryphäe in der Elektroindustrie wurde, machte er ihm schon bei der Einstellung klar: »Wir zahlen überhaupt nichts und wir arbeiten immer.« Trotzdem scheint es für ehrgeizige junge Menschen attraktiv gewesen zu sein, in Menlo Park zu arbeiten, denn Hammer akzeptierte.

Innovation bringt Cash

Natürlich gibt es auch so erstaunliche Firmen, die scheinbar über allen Konjunkturen schwebend mit Evergreens wie Luftschlangen und Konfetti ihr Geld verdienen. Doch die meisten Unternehmen leben davon, zur rechten Zeit das passende neue Produkt im Angebot zu haben. Erfinden tut not, könnte man daher in Abwandlung eines alten Satzes sagen, und genau das fördern manche Betriebe.

So vergibt die BASF seit 1993 ihren 140000 Mark schweren Innovationspreis. Offenbar mit Erfolg: Bei den im Jahre 1999 vom Deutschen und dem Europäischen Patentamt veröffentlichten Anmeldungen mit Wirkung für die Bundesrepublik

Deutschland lag die BASF hinter Siemens und Bosch auf Platz drei, unmittelbar vor Daimler-Chrysler. »Innovationen sind intelligente Produkte, Prozesse und Konzepte«, definiert BASF-Forschungsvorstand Stefan Marcinowski, »mit denen wir unsere Zukunft gestalten.« Was hier ein wenig blumig im Stil der Festrede daherkommt, lässt sich auch weniger prosaisch in nackten Zahlen sagen. Allein in dem einen Jahr 1999 spülten die seit 1993 prämierten Projekte dem Unternehmen einen Umsatz von 700 Millionen Euro in die Kasse. Davon können die meisten Erfinder wirklich nur träumen.

Die Creme sahnt ab

So sehr uns die vertrauten Bilder in unseren Köpfen auch gefallen, sie entsprechen doch manchmal nicht der Wirklichkeit. Beispielsweise das vom Tüftler, der nach vielen Entbehrungen seine Erfindung endlich zum Patentamt trägt. Denn in Wahrheit sind nicht einmal 15 Prozent dessen, was beim Deutschen Patent- und Markenamt angemeldet wird, Einzelerfindungen. Besonders beklagt wird dabei von manchen immer wieder die Zurückhaltung der Professoren, die in Deutschland offenbar lieber publizieren, als praktisch verwertbare Entdeckungen patentieren zu lassen.

Eine Ausnahme aber gibt es dann doch: die Fraunhofer-Gesellschaft, die immerhin auf Rang 18 nach der Zahl der 1999 beim Deutschen Patentamt eingereichten Patente rangiert und eingerahmt wird von so namhaften Firmen wie Mitsubishi und Eastman Kodak.

Das Gros des Erfindens spielt sich jedoch in den Industrieunternehmen ab. Dem trägt der Innovationspreis der Deutschen Wirtschaft Rechnung, der seit nunmehr zwei Jahrzehnten besondere Leistungen von Großunternehmen, Mittelständlern und Start-up-Unternehmen würdigt. Unter den Preisträgern tauchen Namen auf, die zur Creme der Industrie gehören: Hoechst und Dornier, Audi und AEG, Zeiss und Bosch. Und sie spiegeln ein Stück Wirtschaftsgeschichte, denn mancher Geehrte geriet später trotzdem in Schieflage; oder ist wegen diverser Fusionen unter dem alten Namen heute nicht mehr präsent. Die ausgezeichneten Erfindungen aber sind sicherlich nicht alle technisch so brillant wie etwa der Nierenstein-Lithotripter oder das Laser-Fernsehen. Für viele sah man eine glänzende Zukunft voraus, so sehr schienen sie bestehende Lücken zu füllen. Trotzdem finden wir selbst hier – und das ist das wirklich Spannende – auch solche, welche die hohen wirtschaftlichen Erwartungen nicht erfüllten. Auch in der Technik ist Erfolg eben nicht immer bis ins Letzte planbar.

Unbeschreiblich weiblich

Hofiert haben die Männer Frauen ja schon immer, wenngleich nicht unbedingt in ihren angestammten Männerdomänen. Doch das war nicht immer so. Am französischen Hof des 18. Jh. beispielsweise hatten die Frauen großen Einfluss, und in den Pariser Salons nahmen sie nicht nur regen Anteil am wissenschaftlichen Diskurs der Zeit, sondern verschafften ihm vielfach überhaupt erst die geeignete Plattform. Natürlich war da auch der Nervenkitzel im Spiel, wenn sich Marquisen elektrisieren ließen, dass ihnen die Haare zu Berge standen. Doch wer selbst heute noch ernsthaft glaubt, Wissenschaft und Technik müssten als ernste Angelegenheit auch lustlos sein, braucht nur einmal unsere Computer-Kids – beiderlei Geschlechts – zu beobachten.
Da ist es noch verwunderlicher, mit welch verkniffenem Ernst gegen Ende des 20. Jh. hier und dort die vermeintlich letzte Männerbastion Technik ins Visier geriet. Wirkt es nicht etwas behäbig, wenn auf der Nürnberger Erfindermesse gerade rechtzeitig zur Jahrtausendwende die besten Ideen eines »Innovativen Frauenpreises – Fränkische Frauen 2000« vorgestellt werden? Bereits ein Jahr früher hatte man in London die Nase im Wind: Bola Olabisi, Gründerin eines Netzwerks für berufstätige Frauen mit Familie, initiierte einen Erfinderinnenpreis, weil sich der Anteil der Frauen auf der Londoner Erfindermesse immer nur bei zehn Prozent bewegte. Recht peinlich wurde es aber, als von den 28 Bewerberinnen eine das Rennen machte, deren Erfindung eines »sprechenden Töpfchens« für Kleinkinder den Kritikerinnen wohl als unzeitgemäß aufstieß: nicht etwa deshalb, weil man sich nach dem Sinn einer solchen Erfindung für die Sauberkeitserziehung

fragte; oh nein, die Entscheidung zementiere das alte Klischee, Frauen erfänden lediglich Praktisches für Heim und Familie. Immerhin saßen in der Jury nur zwei Männer, aber sechs Frauen.

Notorische Weltverbesserer

Genies

Schon ein flüchtiger Blick genügt: Nichts als kompliziert ist die Welt, dabei könnte doch alles so einfach sein! Andauernd sehen sich erfinderische Frauen und Männer von Unfertigem umzingelt, das nach Verbesserung geradezu »schreit«.
So kommt es, wie es kommen muss: Wer mit dem Erfinden erst einmal begonnen hat, kann die Finger nicht mehr davon lassen, es ist wie eine Sucht. Leonardo da Vinci und Thomas Alva Edison können davon ebenso ein Lied singen wie Artur Fischer und Heinrich Waas.

Erfinden – ein Leben lang

In einem Zeitungsartikel berichtete der Autor über ein neu entwickeltes Drehgestell, das den Wechsel einer Ladung zwischen Eisenbahnwaggon und Laster oder auch Traktor sehr vereinfacht, und dies selbst auf freiem Feld fernab jeglicher Hebeeinrichtungen. Und es dauerte gar nicht lange, bis der Autor Post im Briefkasten hatte: von einem Herrn, der sich dazu etwas noch Einfacheres und ebenso Gutes ausgedacht hatte. Erste Skizzen und Entwürfe zur Illustration lagen dem Brief gleich bei. Nun stammte das alles keineswegs von einem jener ewig erfolglosen Weltverbesserer, die man in jeder Redaktion kennt (und wegen ihrer Hartnäckigkeit fürchtet). Nein, hier meldete sich Heinrich Waas zu Wort, der nach erfolgreichem Berufsleben nun im Ruhestand eigentlich Kakteen hätte züchten oder ausgesuchte Rotweine sammeln können. Doch nichts davon! Wie der Mann vor Jahren die gewohnte Bauweise von Eisbrechern einfach über den Haufen geworfen hatte, so suchte sein wacher Geist auch im Alter weiter nach der idealen Lösung für Probleme, auf die er eben stieß.

Weil es ihm gelungen war, etwas völlig Neues zu denken, hatte Waas einst den Eisbruch revolutioniert: Seine Sache war es nicht, den Bug einmal mehr noch schnittiger zu bauen, damit er das Eis besser spalte; der Waas-Bug präsentierte sich vielmehr ganz flach und legte dafür die Stirn mancher see- und eiserfahrener Menschen in Falten. Eisbrecher neuer Manier sollten regelrecht auf das Eis hinauffahren, es durch ihr Gewicht großflächig brechen und die Schollen mit dem Rumpf dann seitwärts unter die Eisfläche wegdrücken: keine aufgetürmten Eismassen mehr vor dem Bug, keine Bruchstücke im freigebrochenen Fahrwasser hinter dem Schiff, die gleich wieder festfrieren.

Dennoch brauchte es ziemliche Überzeugungskraft, richtig große Eisbrecher mit solch einem Bug zu versehen. Die Skepsis schmolz erst dahin, als ein umgebauter russischer Eisbrecher in den 1980er-Jahren beeindruckende Kreise ins polare Eis zog und dabei zeigte, dass die neue Form des effizienten Eisbruchs auch noch weniger Antriebsenergie für das Schiff benötigt.

Waas aber tüftelte auch als Rentner weiter an Neuem herum. Ebenso freute er sich an seinem einstigen Erfolg, über den er lebhaft, doch unaufdringlich zu berichten wusste. Und er versäumte es selbst im Alter nicht, nach Emden auf die Thyssen-Werft zu fahren, wenn dort gerade ein Eisbrecher lag.

Grüblerisch, stur und nie zu Hause

Die eine große Konstante bei allen Erfindern gibt es nicht, auffällige Gemeinsamkeiten jedoch immer wieder. Dazu gehören beispielsweise eine pietistisch geprägte Kindheit und ein besonderer Einfluss der mütterlichen Erziehung, die etwa selbst bei nicht gerade glänzenden schulischen Leistungen eine Experimentierecke für die Zöglinge trotz möglicher Bedenken (der Schmutz! Wie gefährlich!) im Hause duldete.
Das war auch bei Artur Fischer so, der es später zu rund 6000 Patenten weltweit und in die Galerie der Erfinder-Weltmeister bringen sollte. Seine Mutter stammte aus der Ingenieursfamilie Pfleiderer – sein Vater war Dorfschneider – und weckte systematisch technische Neugier, etwa bei gemeinsamen Bahnfahrten. Fischers Lieblingsbuch war der einst vielgelesene Roman »Hinter Pflug und Schraubstock« des schwäbischen Erfinder-Dichters Max Eyth, eines seiner großen Vorbilder. Nach seiner Lehre bei einem Kunstschlosser in Stuttgart – Lokführer hatte ihn der Vater nicht werden lassen – wusste Fischer jedenfalls genau, was Disziplin ist (im Rückblick sah er das als wesentlichen Baustein seines späteren Aufstiegs an).
In der großen Aufbruchstimmung nach der Währungsreform 1948 machte er sich mit den dabei erhaltenen 40 Mark als Eigenkapital selbstständig, eine Bank gewährte ihm nach langem Hin und Her weitere 1000 Mark Kredit. Zunächst baute Fischer aus Abfallmaterial Feueranzünder mit einem elektrischen Glühdraht. Dann entwickelte er einen Schalter für Webstühle, ebenfalls aus zweckentfremdeten Teilen; die Anzeige einer Weberei hatte ihn darauf gebracht. Seine erste durchschlagende und patentierte Erfindung machte er im Jahre 1949, ein Blitzlichtgerät mit Synchronschaltung, weil die frisch geborene Tochter mit den damals üblichen Pulverblitzen in der kleinen Mansardenwohnung nicht zu fotografieren war.

So ging es munter weiter, die Firma wuchs, bis ihm nach etlichen Fehlschlägen – die kannte er also auch – die Erfindung jenes Produktes glückte, das mit seinem Namen am engsten verknüpft ist: der S-Dübel. Den Prototypen – das Patent erhielt er 1958 – des späteren Bestsellers schnitzte er aus Nylon, später hatte sein Unternehmen mehr als 1000 verschiedene Typen von Dübeln aus Kunststoff und Stahl im Programm. Neben anderen Eigenschaften muss ein Erfinder, glaubt Fischer, schon auch eigenbrötlerisch und stur sein, Eigenschaften, die er durchaus auch bei sich selbst sah. Ganze Nächte verbrachte er oft im Büro. Recht einsam muss es da wohl für seine Frau Ria gewesen sein, die sich mehr oder minder allein um die Kinder kümmerte und einer Filmemacherin gegenüber resümierte: »Zu Hause war er eigentlich nie.«

Findiger Gedankenspieler

Warum wird jemand zum Erfinder? Was ist der Antrieb zum Erfolg? Das amerikanische Magazin »Time« konstatierte einmal die vordergründige Motivation für den Erfinder der Neuzeit schlechthin: Thomas Alva Edison wollte Geld machen und berühmt werden. Das erschien den Autoren dann aber vielleicht doch etwas platt, und sie schoben ein Zitat des Meisters selbst hinterher: »Wer sich nicht dazu entschließt, die Gewohnheit des Denkens zu kultivieren, verpasst die größten Vergnügungen im Leben.«
Edison hinterließ die stolze Zahl von insgesamt 1093 Patenten, viele von ihnen hatte er in mehreren Ländern angemeldet. Seine wahre Vielseitigkeit aber zeigt sich erst, wenn man schaut, wie sich diese auf verschiedene Fachgebiete verteilen: Mit 389 Patenten liegt der Löwenanteil zwar bei elektrischem Licht und Elektrizität, was ihm vielleicht auch die größte Popularität verschafft hatte; doch die anderen sind nicht weniger bedeutsam: Telegraf 150, Phonograph 195, Telefon 34, elektrischer Schreibstift und Mimeograf 5, Batterie 141, elektrische Eisenbahn 25, Automobil 8, Filmgeräte 9, Radio 2, Erztrennung 62, Zement 40, Chemikalien 3, Gummi 1, schließlich 35 zu verschiedenen anderen Erfindungen, darunter 3 für die Schreibmaschine.

Vor vielerlei Prioritätenstreit bewahrte ihn das alles freilich nicht. Interessant ist ein Patentstreit, der schließlich die Fusion englischer Gesellschaften zur Edison & Swan Electric Company Ltd. zur Folge hatte, weil die Kommentare des widerstrebenden Edison Einblicke in die Befindlichkeit vieler Erfinder gewähren: »Ich möchte in diesem Land, und wo es sonst möglich ist, soweit es irgendwie geht, Besitzer meiner Erfindungen bleiben.« Denn man könne ja wirklich kaum von ihm erwarten, »dass ich Interesse habe, meine Arbeit an neuen Erfindungen und Verbesserungen für eine Firma fortzusetzen, in der ich meine Identität verloren habe«.

Rettender Erfindertraum

Die Baukunst war den Griechen heilig. Nicht nur der Tempel wegen, die – ganz profan – aus Prestigesucht immer noch größer und prächtiger sein mussten. Auch die Versorgung der Gemeinwesen mit Trinkwasser hatte einen hohen Stellenwert, der sich in beeindruckenden Ingenieursleistungen niederschlug, etwa in langen, mit großer Präzision vorgetriebenen Stollen durch Bergrücken.

Vermutlich behandelten die antiken Meister ihre technischen Probleme in ihren Schriften sehr ausführlich. Von diesen Werken ist zwar nicht viel erhalten, aber der römische Baumeister und Ingenieur Vitruv dürfte für seinen Traktat »De architectura libri decem« reichlich aus diesen Quellen geschöpft haben. Es ist das einzige aus der Antike erhaltene Werk zur Architekturtheorie und gewann später als Lehrbuch vor allem in der Renaissance großen Einfluss auf Künstler und Baumeister.

Vitruv kannte noch einige der alten Tüftler beim Namen und sagt über einen: »Es ist nicht abwegig, auch eine geniale Erfindung des Chersiphron zu beschreiben.« Dieser sollte Heiligtümer in Ephesos errichten und hatte Probleme mit dem feuchten, weichen Grund. Deshalb schaffte er die schweren Säulen und Steinblöcke nicht auf den üblichen Ochsenkarren heran. Vielmehr erfand er Holzgerüste, in denen die Säulen sich als walzenförmige Räder drehten, die Blöcke aber machte er zu Achsen und versah sie an beiden Enden mit sehr breiten Rädern. So konnten die vorgespannten Ochsen das Material

sicher über den Grund ziehen. Für den Baugrund selbst aber hatte Theodoros aus Samos empfohlen, mit Hilfe zerkleinerter Holzkohle die Grundlage für ein festes Fundament zu schaffen.
Im weiteren Bauverlauf ließen sich die Architrave nicht problemlos auf die 18 Meter hohen Säulen setzen. Chersiphron ertüftelte deshalb Rampen aus Sandsäcken, die er dann geschickt entleerte, damit sich die Steine richtig setzten. Einer aber wollte trotz allen Findungsreichtums nicht in die rechte Position und Chersiphron dachte daran, sich selbst ums Leben zu bringen, wie uns Plinius der Jüngere überliefert. Doch da sei ihm Artemis im Traum erschienen und habe gesagt, sie habe den Stein schon zurechtgerückt. Tatsächlich lag er am Morgen so, wie er sollte.

Man muss es sehen

Studiert man die Lebensläufe von Erfindern, so begegnen einem unter den Großen der Zunft oft ausgeprägt visuell orientierte Menschen. Und wenn auch nicht von der Meisterschaft eines Leonardo da Vinci, so waren doch einige seiner Erfinderkollegen bis in unsere Tage ebenfalls recht passable Maler und Zeichner. Zum Beispiel Konrad Zuse, bekannt als Erfinder des Computers. In den Wirren nach dem Zweiten Weltkrieg verdiente er einen Teil seines Lebensunterhalts sogar mit dem Verkauf gemalter Gemsen, die er »im Akkord« produzierte; amerikanische Soldaten rissen sich damals um solche Bilder.
Eine interessante Geschichte ist auch, mit welcher organisatorischen Findigkeit Zuse Anfang der 1940er-Jahre seine »Z 3«, die erste in Relaistechnik gefertigte betriebsfähige Rechenanlage, absicherte. Weil er während des Krieges für die Fortführung der Arbeiten keine Mathematiker bekommen konnte – diese waren als Soldaten eingezogen oder anderweitig in Beschlag genommen –, kam er auf die Idee, sich von der Blindenlehranstalt in Berlin mathematisch begabte Blinde nennen zu lassen. Auf diese Weise wurde dann ein Blinder namens August Fast einer der ersten Computerprogrammierer der Welt. Zuse hatte damit gerechnet, dass Blinde sich besonders gut in die Rechenwelten

für Computer eindenken können müssten, weil sie weniger abgelenkt als Sehende arbeiten könnten und ihnen mit der Blindenschrift ja schon ein System einer Vercodung – der Zeichen des Alphabets mit sechs Bit – vertraut sei. Nicht schlecht staunte er aber, mit welcher Leichtigkeit Fast eine Klippe nahm, die Zuse zuvor als fast unüberwindliches Problem angesehen hatte: Um sich ein Bild davon zu machen, was ein Relais ist und wie es arbeitet, wollte Fast ein solches sehen; er betastete und befühlte es und hatte nach wenigen Minuten seine Funktion begriffen.

Genialer Papiertiger

Noch so viel Genie schützt vor Enttäuschung nicht. Im Gegenteil, manchmal wird alles nur noch schwerer, wenn man seinen Zeitgenossen zu weit vorauseilt. Oder zu sehr im eigenen Perfektionismus gefangen ist.

Wir Heutigen feiern Leonardo da Vinci als einen der genialsten Menschen der abendländischen Geistesgeschichte. Viele unter jenen, die damals reichlich von seinem Genius zehrten, hätten darüber vermutlich nur höchst verwundert den Kopf geschüttelt. In ihren Augen zeigte der große Geist nämlich einen höchst unangenehmen Charakterzug: Er neigte dazu, sich zu verzetteln. Seine Talente versprühte er beileibe nicht nur als Erfinder; auch als Maler und Bildhauer schuf er bis heute bewunderte Werke, und mit dem gleichen Ernst versuchte er als Naturforscher, der Welt ein paar Geheimnisse zu entreißen – und sie dann auch in technische Neuschöpfungen umzusetzen. Dabei halfen ihm sein klarer Blick für das Wesen der Dinge und der Mut, das so Erkannte auf unkonventionelle Weise zu kombinieren. Unermüdlich füllte der Linkshänder Blatt für Blatt mit seinen Entwürfen in der charakteristischen Spiegelschrift. Tausende von Skizzen und Konstruktionszeichnungen sind erhalten – doch dabei blieb es dann zumeist; das Wenigste nur entwickelte Leonardo weiter in ein Produkt. Da seine Zeitgenossen die folgenden fünfhundert Jahre Technikgeschichte nicht kannten, sahen sie natürlich auch nicht den Visionär in ihm, als der er heute oft gilt.

Geboren wurde Leonardo da Vinci als uneheliches Kind im

Jahre 1452. Sein Vater, Ser Piero, war Notar der florentinischen Stadtregierung, seine Mutter ein Bauernmädchen. Trotz des illegitimen Status genoss Leonardo offenbar eine gute Erziehung, lediglich für Latein scheint er kein rechtes Talent entwickelt zu haben. Sein Vater schickte ihn dann mit 14 Jahren in die Lehre zu einem Maler und Bildhauer, Andrea del Verrocchio, ebenfalls eine hervorragende Adresse jener Zeit. Ein gutes Auge ist das A und O für einen Künstler, und diese Zeit schulte sicher seinen erstaunlichen Blick noch für das kleinste Detail selbst in sehr komplizierten Naturerscheinungen.
Etwa 1477 dann machte Leonardo sich mit einem eigenen Atelier selbstständig, doch sein Hang zur Perfektion war nicht immer geschäftsfördernd. In Rom zum Beispiel entzog man ihm den Auftrag für ein Bild wieder, weil er über der Entwicklung eines neuen Öllacks in den Augen seiner Mäzene die Zeit vergaß. Unpünktlichkeit ist nicht gerade das, was Auftraggeber schätzen. Für sie genießt im Zweifel die Termintreue meist klare Priorität vor der Qualität, selbst bei einem Leonardo, so sehr man das auch bedauern mag: Lieber das etwas weniger Gute zur rechten Zeit als das Herausragende ein Jahr zu spät oder – wer weiß das schon so genau? – vielleicht auch nie.

Neckar-Florenz gebiert die Rechenmaschine

In der streng gegliederten Welt von Fakultäten und Fachgebieten gilt er als Mathematiker, Theologe und Orientalist; in Wirklichkeit aber war er ein ungemein vielseitiger Gelehrter, der zudem noch ein waches Gespür für praktische Dinge hatte und seine Talente auch weidlich als Erfinder versprühte: Wilhelm Schickhardt, außerhalb seiner Wirkungsstätte Tübingen heute allenfalls noch als Konstrukteur der ersten Rechenmaschine in Erinnerung, die tatsächlich alle vier Grundrechenarten beherrschte. Diese erfand er um 1623 übrigens auf Anregung seines schwäbischen Landsmannes Johannes Kepler. Schickhardts Maschine fiel jedoch zunächst den Wirren des damals wütenden Dreißigjährigen Krieges zum Opfer und geriet in Vergessenheit.
Umso bedeutsamer aber erscheint seine Leistung, machten sich nach ihm doch so bedeutende Köpfe wie Blaise Pascal

und Gottfried Wilhelm Leibniz ebenfalls ans Werk: Dem französischen Gelehrten gelang 1641 eine Rechenmaschine für Addition und Subtraktion, ein paar Exemplare überdauerten die Zeiten bis heute. Geschäftstüchtige Zeitgenossen bauten seine Erfindung übrigens nach und brachten die Kopien ebenfalls an den Mann. Der deutsche Denker Leibniz aber gab von 1671 bis 1694 rund 24000 Taler aus, um seine Rechenmaschine zu konstruieren, bei der Multiplikation und Division durch vielfache Addition und Subtraktion ausgeführt wurden. Ihr erging es freilich nicht wesentlich besser als der von Schickhardt: Sie wurde zwar nicht zerstört, geriet aber nach einigen Jahren auf irgendeinen Speicher, wo sie erst 1879 ein Arbeiter wieder entdeckte, als er nach dem undichten Dach sehen wollte. Was nun das weitere Schicksal von Schickhardts »Rechnender Uhr« betrifft, so fand man auch hier die Pläne wieder, im Jahre 1935, vergaß sie aber hernach im Zweiten Weltkrieg wieder – bis zum Jahr 1956, als sie der Entdecker des Jahres 1935 noch einmal entdeckte. Nach diesen Plänen rekonstruierte man die Rechenmaschine dann endlich 1960 und – sie arbeitete wunderbar!

Leonardo auf Schwäbisch

Die Renaissance war eine italienische Erfindung. So beeindruckend die deutschen Beiträge zu dieser Epoche auch gewesen sein mögen, so blieb doch nördlich der Alpen immer ein Hauch von Epigonentum. Einige Ähnlichkeit besteht etwa zwischen Leonardo da Vinci und Heinrich Schickhardt, Wilhelm Schickhardts Onkel. Wie der Italiener war auch der Deutsche auf ungemein vielen Gebieten tätig: als Landvermesser und Stadtplaner, als Techniker und Fachmann für Bodenschätze. Schickhardt tat sich gleichfalls als Erfinder und Konstrukteur von Maschinen hervor, und sogar künstlerisch war er aktiv als Buchillustrator. Auch Schickhardt stand als Verwaltungsmann und Landesbeamter des württembergischen Herzogs Friedrich I. in Diensten eines Landesfürsten. Vermutlich haben ihn deshalb heimatverbundene Seelen mit viel Pathos als »schwäbischen Leonardo« bezeichnet!

1558 in Herrenberg geboren, machte sich Schickhardt in Württemberg bald als Architekt einen Namen. Der Stadt- und Festungsbaumeister wirkte unermüdlich in den Territorien seines Herrn, von Tübingen bis Ulm, von Herrenberg bis ins elsässische Mömpelgard, das heute den französischen Namen Montbéliard trägt. Im Gegensatz zum hochfliegenden Plänemacher Leonardo hinterließ er der Nachwelt ganze Städte, die er plante und gestaltete, am bekanntesten gewiss Freudenstadt, daneben aber auch Vaihingen an der Enz und Blamont, Clerval und Schiltach. Mit dem »Neuen Bau« in Stuttgart hinterließ er ein Hauptwerk der deutschen Renaissance. Der Ingenieur in ihm ersann technische Anlagen, von Brücken und Kanälen, Wasserwerken und Mühlen bis hin zu Bergwerken, Gießereien und Schmieden. Und Schickhardt führte sie auch aus. Doch bei alledem blieb er bodenständig, hatte stets den Nutzen für das Land im Sinn und versagte sich alle Fantasterei. Schickhardt war gewiss ein bedeutender Mann seiner Zeit, ein Leonardo war er jedoch nicht, auch kein schwäbischer.

Wie man den schwäbischen Tüftler erfand

Sprichwörtlich sind sie, die schwäbischen Tüftler. So sprichwörtlich, dass man sie nicht nur in vielen Büchern beschwor, sondern ihnen im Württembergischen Landesmuseum in Stuttgart Mitte der 1990er-Jahre sogar eine Ausstellung widmete. Durchaus nachvollziehbar, sonnt sich der eigenwillige Volksstamm in Deutschlands Südwesten doch gern in dem beschworenen Image. Ist die Patentbilanz etwa kein schlagender Beweis, und waren die Bosch und die Daimler und die Zeppelin nicht allesamt Schwaben? Wie aber kam es zu diesem Mythos?

Der schwäbische Erfinder ist am Ende des 19. Jh. erfunden worden. Er tritt uns erstmals in einem Aufsatz von 1921 über Württembergs Gewerbe entgegen, als grüblerisch und erfindungsreich, fantasievoll und eigensinnig, in seiner natürlichen Freude am Tüfteln und Bohren. Eine sozusagen genetisch vererbte Eigenschaft ist das allerdings nicht und wenigstens zum Teil ein virtuelles Konstrukt. Denn industriell war Württemberg eher ein »Spätentwickler«, bis weit ins

19. Jh. agrarisch geprägt, und auch die politische Elite war Neuerungen gegenüber lange eher zögerlich eingestellt. Ja, es waren neben den sozialen und wirtschaftlichen Gegebenheiten im Land gerade die späterhin gerühmten Eigenarten – etwa das pietistische Element –, welche damals eine industrielle Revolution nach dem englischen Vorbild verhinderten. In einer großen Aufholjagd entstanden dann erste moderne industrielle Strukturen. Eine neue Elite aus Staatsbeamtentum und Gewerbevereinen schaffte es schließlich, mit öffentlichen Umzügen und Ausstellungen das Bild vom Land der Industrie und Erfindungen in den Köpfen zu verfestigen, noch bevor dieses der Realität entsprach.

Wenn's zwischen Mann und Frau nicht richtig tickt

Zeit und ihre Messung nehmen in der Geschichte des Erfindens einen besonderen Platz ein, gerade auch bei schwäbischen Tüftlern. Einem von ihnen, dem Uhrmacher Carl Julius Späth, hat man freilich übel mitgespielt, weil seine Frau seine erfinderischen Leidenschaften nicht teilte und sich stattdessen ganz anderem hingab. Ihr Gemahl stand in so hohem Ansehen, dass sogar Kaiser Wilhelm II. eine 300 Mark teure Uhr »in denkbar höchster, würdiger Prachtausführung« bei ihm bestellte. Späth baute sie aber nie, weil ihm das Gerede über die Untreue seiner Frau zu schaffen machte und er die Gerüchte dann auch noch als Tatsachen entlarven musste. Und als er in dieser Angelegenheit die Gerichte anrief, wurde die Sache für ihn erst richtig brenzlig.

Denn seine Gemahlin turtelte nicht mit irgendwelchen Männern, sondern mit solchen von Einfluss, und scheinbar waren auch die Richter involviert. Die bereinigten dann die Sache ebenso einfach wie brutal: Sie erklärten den armen Uhrmacher einfach für verrückt und gaben seiner Frau die Vormundschaft über ihn. Als Begründung führten sie an, er habe ein Perpetuum mobile erfinden wollen, was dieser aber heftig bestritt.

Der einst reiche Uhrmacher verarmte nun auch materiell – und seine Gattin mit ihm.

Trotz der Misere ließ eine Leidenschaft Späth nicht los: astronomische Uhren. Während der Aufenthalte in Gefängnissen und Irrenhäusern erlaubte man ihm endlich, seine Entwürfe zu Papier zu bringen. Und im Jahre 1898, rund zwei Jahre nach seiner Entlassung, gelang ihm der Bau seiner prachtvollen Uhr, 19 Jahre waren inzwischen vergangen. Die Schaulustigen strömten zwar massenhaft herbei, doch trotz aller gehörigen Bewunderung blieb ihm die ersehnte Ehrenrettung bis in den Tod verweigert.

Ein Schneider wollte hoch hinaus

Natürlich gibt es die alte Geschichte von Dädalus und Ikarus. Doch eine der ersten richtigen Beschreibungen eines technischen Apparats zum Fliegen verfasste Roger Bacon im Jahre 1260. Angetrieben wurde der Apparat durch Menschenkraft, die nach Art der Vögel Flügel künstlich bewegte. Das waren allerdings vermutlich schon recht gewagte Gedanken, denn Fliegen galt im christlichen Mittelalter als Teufelszeug. Und weit über Leonardo da Vincis Flugstudien hinaus sah man selbst noch Mitte des 18. Jh. den Traum vom Fliegen als menschlichen Hochmut gegenüber der gottgewollten Ordnung der Welt an. Dennoch gab es immer wieder Versuche, und einen sogar sprichwörtlich gewordenen startete Albrecht Ludwig Berblinger, allgemein besser bekannt als der »Schneider von Ulm«.

Berblinger war ohne Zweifel ein heller Kopf. Trotz schwieriger Verhältnisse in der Kindheit brachte er es schon mit 21 Jahren zum Schneidermeister und ließ sich direkt im Schatten des Ulmer Münsters nieder. In seiner Werkstatt fertigte er nicht nur Kleidungsstücke, sondern auch Kinderschlitten und Wagen, und er erfand mit Erfolg Prothesen für das Ulmer Hospital. Die Mechanik, nach eigenem Bekunden seine große Neigung, lag ihm offenbar ebenso wie das Schneiderhandwerk. Die Vermarktung der Prothesen gelang ihm aber nicht, da er die nötige behördliche Genehmigung nicht bekam. Doch mit diesen Entwicklungen hatte er eine Basis für seine Flugversuche erarbeitet, etwa durch die Erfindung eines mechanischen Steckgelenks, das er für die Konstruktion künstlicher Flügel nutzen konnte.

Mit viel publizistischem Getöse, Berblinger kannte sich offenbar auch in der Werbemaschinerie ganz passabel aus, bereitete er dann im Mai 1811 das Publikum auf seinen großen Flugversuch vor. Er hatte eigentlich vom Münsterturm starten wollen, doch der Rat der Stadt schickte ihn hinaus an die Donau. Schon beim Anlauf auf dem Gerüst brach ein Flügel, und so wurde die Aktion auf den nächsten Tag verschoben. Als er dann endlich startete, sackte er einem Stein gleich in die Donau.

Warum versagten seine Flügel den Dienst? Das lag zum einen an den ungeeigneten Windverhältnissen am Startplatz, sagen Kenner der Geschichte; zum anderen war Berblinger zwar begabt, hatte aber letztlich wohl doch nicht die nötigen technischen Kenntnisse und finanziellen Mittel, das richtig Beobachtete dann auch in eine funktionierende Konstruktion umzusetzen. Von Stund an wurde er zum Gespött der Leute, die Schneiderzunft schloss ihn aus, er verfiel der Trunksucht. Nie wieder sollte er sich aufrappeln und starb stattdessen verelendet in noch nicht sehr fortgeschrittenem Alter. Erst die Brüder Otto und Peter Lilienthal bauten dann flugfähige Gleiter, weniger als hundert Jahre später; sie waren aber auch gelernte Ingenieure und Konstrukteure und eine Maschinenfabrik besaßen sie obendrein.

Zeitenwender mit Träne im Knopfloch

Nein, als frustrierten Erfinder kann man Joseph Henry nun wirklich nicht bezeichnen. Warum ließ er dann keine einzige seiner zahlreichen Erfindungen patentieren? Weil es seiner Meinung nach unvereinbar mit der Idee von Wissenschaft war, wenn nur eine Person den Vorteil aus neuen Entdeckungen ziehe. Henry half sogar tatkräftig anderen: Mit seiner Unterstützung gelang es zum Beispiel Samuel Morse, staatliche Hilfe beim Bau der ersten Telegrafenleitung des Landes zu bekommen. Als Jugendlicher hatte Henry übrigens noch von einer Karriere am Theater geträumt. Doch dann erwachte der Erfindergeist in ihm, so ging er bei einem Uhrmacher und Silberschmied in die Lehre. Offenbar nicht zu dessen vollster Zufriedenheit, denn es hieß, Henry sei verträumt.

Der Durchbruch kam erst nach einem Studium der Naturwissenschaften in seinem Heimatort Albany bei New York. Henry unterrichtete zunächst als Lehrer und experimentierte mit elektrischem Strom und Magnetfeldern. Dabei fand er dann 1830 das Prinzip der elektromagnetischen Induktion, also den Nachweis, dass nicht nur elektrischer Strom ein Magnetfeld, sondern auch ein Magnetfeld elektrischen Strom erzeugen kann. Das aber ist im Grunde der Schlüssel zur gesamten Kommunikations- und Energietechnik, die sich in der Folge immer rasanter entwickelte. Er selbst trug dazu bei mit Elektromagneten, einem Elektromotor und einem einfachen Telegrafen – Jahre vor Morse.

Ein bisschen enttäuscht war er am Ende seines überaus erfolgreichen Lebens dann aber doch: als Wissenschaftler. Denn gerade bei seiner größten Entdeckung, eben der Induktion, kam ihm der britische Physiker Michael Faraday 1831 mit der Veröffentlichung ähnlicher eigener Arbeiten zuvor und heimste in der Folge die große Anerkennung ein.

Differenzen um Differenzmaschinen

Anfangs war das Glück Charles Babbage hold. Die Idee zu einer Differenzmaschine war zwar schon 1786 J.H. Müller gekommen, einem Ingenieur der hessischen Armee: Seine Maschine sollte schrittweise Werte von Polynomen addieren, mit denen sich bestimmte Funktionen berechnen lassen. Die Idee fiel jedoch dem Vergessen anheim, da Müller keine Fördermittel akquirieren konnte. Anders Charles Babbage, der 1822 ebenfalls zu diesem Konzept eines ersten Rechners im modernen Sinn fand und sogar staatliche Mittel erhielt, einen programmierbaren Prototyp zu bauen.

Die technischen Probleme waren aber erheblich, und so konnte er sein Vorhaben nur teilweise realisieren. Dies hinderte ihn aber nicht daran, Jahre hindurch die Pläne für seine »Analytical Engine« zu immer weiterer Größe zu treiben. Sein Rechenautomat wurde immer komplizierter, die Kosten liefen davon, und seine Geldgeber beendeten 1842 offiziell das anfänglich »Difference Engine« genannte Projekt. Bis 1871, das Jahr seines Todes, versuchte sich Babbage immer wieder wenigstens an

Teilsystemen seines Lebenswerks, über längere Zeit gemeinsam mit Augusta Ada Byron, Countess of Lovelace.

Im Jahr 1879 beschäftige sich nochmals ein Komitee mit der Frage nach der Machbarkeit einer solchen Maschine, hielt dies aber für unmöglich. Die Rechenmaschine von Babbage geriet daher weitgehend in Vergessenheit. Erst Howard H. Aiken, der 1943 an der Harvard-Universität mit seinem Team den ersten weithin bekannten elektromechanischen Computer fertigstellte, nahm die Arbeiten von Babbage wieder wahr – zum Leidwesen von Konrad Zuse, der ihnen mit dem programmierbaren Rechner »Z 3« zwar zuvorgekommen war, aber sein Leben lang um Anerkennung als der Erfinder des Computers kämpfte. Vielleicht waren ja die entbehrungsreichen Jahre während des Krieges daran Schuld, die er, fernab großer Aufmerksamkeit, seinem Rechner gewidmet hatte. Groß war jedenfalls Zuses Enttäuschung, als ihm die Amerikaner Ehre und Patente verweigerten und dies ausgerechnet mit einem Hinweis auf Charles Babbage begründeten: Habe der doch schon Jahrzehnte zuvor ersonnen, wofür Konrad Zuse – nach eigenem Bekunden hatte er bis dahin von Babbage noch nie gehört – nun Schutz begehre!

Sich findig durchs Leben tasten

Gewiss halten sich die meisten Erfinder für Wohltäter der Menschheit. Kaum Widerspruch an dieser These regt sich wohl bei Louis Braille. Denn mit der von ihm erfundenen Schrift ist es den Blinden möglich, besser am Leben unserer auf Schriftlichkeit gründenden Wissensgesellschaft teilzunehmen. Das gilt selbst noch in der heutigen Medienzeit, wo dem Lesen durch andere Kommunikationstechniken vielfältige Konkurrenz erwachsen ist.

Braille, 1809 in Frankreich geboren, war im Alter von fünf Jahren infolge eines Unfalls erblindet. Als Jugendlicher besuchte er die 1784 gegründete königliche Institution für Blinde. Sein Schreibsystem erfand Braille mit 16 Jahren. Dabei wird jeder Buchstabe durch eine charakteristische Kombination hervorgehobener Punkte dargestellt. Die Braille-Schrift trat rasch ihren Siegeszug um die Welt an, da sie sich der bisher verwendeten Buchstaben-Reliefschrift weit überlegen zeigte. Sie wird heute in allen Sprachen verwendet, wobei man in einigen eigene Kürzel einführte. Bücher in Blindenschrift sind allerdings recht sperrig. Deshalb erfand man später elektronische Maschinen, die eine große Informationsmenge auf Band speichern und in Blindenschrift auf einer Tastplatte wiedergeben.

Heros knautscht im Glashaus

Courage kommt an, jedenfalls manchmal. Belohnt wurde etwa Béla Barényi, der beim Vorstellungsgespräch bei Daimler-Benz in Stuttgart mutig ein stichwortartiges Konzept vorlegte, wie das Auto der Zukunft konstruiert sein müsse. Zu seinem Glück hatte es Barényi mit einem kompetenten Gesprächspartner zu tun, der das große technische Gespür Barényis erkannte, ihn einstellte und ihm sogar einen privilegierten Status verschaffte: Gleichsam unter einer Glasglocke durfte Barényi mit fast akademischen Freiheiten forschen; was auch immer er erfand, ging direkt an die Patentabteilung des Hauses. So brachte er es auf mehr als 2500 Patente weltweit, die auf seinen Namen eingetragen sind.

Trotzdem ging es ihm manchmal wie dem Prediger, dessen Worte im eigenen Land nicht vernommen werden. Die Stoßfänger aus Kunststoff, die er im Prinzip als Karosserie-Kopfstück schon 1944 entwickelt hatte, überließen die Stuttgarter, wie alle anderen europäischen Hersteller, den Amerikanern zur Vermarktung. Überhaupt lag Barényi die Sicherheit des Autos besonders am Herzen. Seine Gedanken kreisten um die Frage, wie ein Auto beschaffen sein müsse, das bei einem Unfall die Insassen gut schützt. Eine seiner Antworten trägt die Patent-Nummer 854157 und beschreibt ein Auto »mit stabiler Fahrgastzelle und verformbarer Hinter- und Vorderfront«, also mit besonders hoher Festigkeit dort, wo sich der Fahrgastraum befindet, die dann »nach den Enden zu stetig oder stufenweise abnimmt«. Barényi hatte die Knautschzone erfunden.

Was uns heute fast trivial erscheint, war damals revolutionär: ein Auto eben gerade nicht so zu bauen, dass es allen Stößen möglichst starr widersteht, sondern die kinetische Energie beim Aufprall durch bewusste und gewollte Verformung des Autos so abzubauen, dass sie auf die Insassen nicht einwirken kann.

Autorennen hielt Barényi übrigens für eine völlig unvernünftige Angelegenheit. Dafür widmete er sich – nach einigen Seitensprüngen mit Gewürzstreuern, gedämpften Bühnenmotoren für die Pariser Oper und Vibrationsdämpfung auf Frankreichs Luxusschiff »Normandie« – ab 1945 mit vielen Projektstudien einem »wirklichen Volkswagen«, wie er ihn verstand. Und dazu gehörte neben einer markanten Optik vor allem ein Optimum an Sicherheit. Als begeisterter Camper erfand er sogar noch Lösungen, wie das Auto für diese Zwecke umgebaut werden konnte. Trotz seiner Verdienste wirkte er zeitlebens eher im Hintergrund. Er wurde dann aber 1994 hoch geehrt und in die »Automotive Hall of Fame« für außergewöhnliche Erfinder in Detroit aufgenommen.

Gehirnfutter für eine Floppy

Durchaus in einer Reihe mit Leonardo da Vinci und Thomas Alva Edison sieht sich Yoshiro Nakamatsu schon. Nur vielleicht eben noch ein bisschen größer. Die aktuelle Anzahl seiner Erfindungen zu bestimmen, fällt schwer, kommt doch laufend eine neue hinzu. Doch Mitte des Jahres 2000 jedenfalls nannte er nahezu 3100 Patente sein eigen.

Freilich nicht allein deshalb gilt er gemeinhin als bekanntester Erfinder Japans. Dafür sorgt auch sein Talent zur Selbstdarstellung, zum Vermarkten in eigener Sache, das selbst seinen Spöttern eine gewisse Bewunderung abnötigt. Zu den wichtigsten technischen Neuerungen, die er für sich reklamiert, gehören Digitaluhr und Floppy Disk. Diese flachen Speichermedien stellten tatsächlich eine mittlere Revolution in der Datentechnik dar und trugen erheblich zur Expansion der Personal Computer in alle Lebensbereiche bei. Ihre Entstehungsgeschichte aber ist ein wenig nebulös. Schon 1952 erwarb demnach Nakamatsu ein Patent auf die Scheiben. Doch erst in den 70er-Jahren machte IBM daraus ein marktgängiges und überaus erfolgreiches Produkt. Das lässt sich zwar mit dem Übergang von den früheren Magnetkernspeichern zu Halblei-

terspeichern, also den Chips, Ende der 60er-Jahre erklären. Aber sonst ist der Weg der Floppy dorthin – Nakamatsu spricht von Lizenz – dem Auge der Öffentlichkeit verborgen. In den IBM-Labors jedenfalls ist die Entwicklung mit dem Namen Alan Shugart verknüpft.
Was nun den heute 72-jährigen Nakamatsu betrifft, begann alles freilich schon viel früher: Mit fünf Jahren erfand er einen Stabilisator für Flugzeuge. Während der Schulzeit entwarf er seiner Mutter eine Pumpe, damit sie die Sojasoße besser dosiert aus dem Fass fördern könne. Sein erstes Patent meldete er in der achten Klasse an. So weit, so gut. Spätestens da aber rief der von Selbstzweifeln kaum gequälte Mann die Spötter auf den Plan, als er mit seinem Erfindergeist auch auf politischer Ebene reüssieren wollte, sich mit seinen Erfindungen selbst jedoch auf das Niveau von Aphrodisiaka, Konzentrationshilfsmitteln und Gehirnnahrung verlagerte. Übrigens: Falls der geneigte Leser einmal über Dr. NakaMats stolpern sollte, so liest er doch vom selben Manne. So nämlich nennt sich Dr. Yoshiro Nakamatsu findig auf dem Weltparkett, damit es an der richtigen Aussprache nicht hapern möge.

Mit Keks mehr Grips

Apropos Konzentrationshilfsmittel. Viele Wege führen zum Erfolg. Und jeder hält den eigenen zumeist auch für den besten. Doch nur den wenigsten gelingt es, selbst daraus noch einen Erfolg zu machen. Yoshiro Nakamatsu gehört jedoch unbedingt dazu. Immerhin beträgt das geschätzte Vermögen des kreativen Manns schätzungsweise 75 Millionen Dollar. So viel Geld hat er nicht zuletzt dadurch angehäuft, dass er normale Sterbliche am Geheimnis seiner Erfindungsgabe teilhaben lässt, selbstverständlich gegen satte Bezahlung. Sieht man nämlich einmal ab von seiner gleichsam naturgegebenen Intelligenz, so sprudeln seine Ideenkatarakte vor allem dank des Genusses von Hirntee und Hirnkeks, natürlich selbst entwickelt und auch patentiert. Und das hat eben seinen Preis, fühlt sich Nakamatsu dank dieser ausgewogenen Diät doch auf der Höhe seiner Schaffenskraft, im besten Erfinderalter sozusagen.

Doch Keksen und Tee allein darf man den Fluss der Gedanken freilich nicht überlassen. Dieser muss noch anderweitig stimuliert, kanalisiert und vor allem aufgefangen werden, damit daraus etwas Rechtes wird. Und dafür hat Nakamatsu eine ganze Reihe von patentierten Denkhilfen parat, sei es nun ein stimulierender Denkersitz oder die metallfreie Denkerstube, werkstofflich sozusagen ein Wunder der Natur. Musik darf ebenfalls nicht fehlen, am liebsten klassische: Wenn Beethoven wüsste, dass er mit seiner fünften Sinfonie außer der Musik- auch noch die Computerwelt beglückte – denn bei deren Genuss will Nakamatsu die Floppy Disk erfunden haben. Das absolute Nonplusultra jedoch scheint Denken unter Wasser zu sein. Damit sogar dort selbst der kleinste Gedankenfitz nicht verlorengeht, steigt der Meister aber niemals ohne seinen – natürlich ist auch der wiederum patentiert – wassertauglichen Schreibblock in die inspirierenden Fluten.

Eiskalte Herzen erfreuen Forscher

In die Annalen ging Charles Lindbergh als Flugpionier ein. Seine weltweit beachtete Leistung von 1927, als er allein in einer kleinen Maschine den Atlantik überquerte, machte ihn schlagartig zum umjubelten Volkshelden. Weit weniger bekannt sind dagegen seine Leistungen für die Medizin, obwohl deren Nutzen keineswegs geringer einzuschätzen ist.
Lindberghs technisches Gespür zeigte sich schon im Kindesalter: Lindbergh konnte allerlei Apparate auseinanderschrauben – und hernach wieder zusammensetzen –, noch bevor er des Lesens kundig war. Autodidakt blieb er im Grunde Zeit seines Lebens, auch die Universität hatte er ohne Abschluss verlassen, um sich der Fliegerei zu verschreiben.
Nach seinem berühmten Atlantikflug beschäftigte er sich intensiv mit Kardiologie, da seine Schwägerin an einer damals unheilbaren Herzerkrankung litt. Seine Gedanken kreisten um die Möglichkeit, mit künstlicher Blutzirkulation die Möglichkeit für chirurgische Eingriffe am Herzen zu schaffen. In jener Zeit kam Lindbergh in Kontakt mit dem Chirurgen und Nobelpreisträger Alexis Carrel, der ebenfalls nach Methoden suchte, das Absterben von Gewebe außerhalb des Körpers zu verhindern.

Aber die von seinem Ingenieur konstruierte Pumpe funktionierte nicht wie gewünscht. So taten sich die beiden Männer zusammen (die übrigens auch eine Neigung zu mystischen und außersinnlichen Erscheinungen teilten). Während der folgenden Jahre entwickelte Lindbergh die Perfusionspumpe weiter, mit der man Organe auch nach ihrer operativen Abtrennung kurzfristig lebensfähig erhielt. Dazu gehörte beispielsweise ein System, welches die Funktion des Herzens nachahmen konnte. Das Resultat erschien 1935 in der angesehenen Fachzeitschrift »Science«.

Doch der Medizinbetrieb ging andere Wege, und Lindberghs Entwicklung geriet in Vergessenheit. Eine späte Genugtuung fand er dann aber 1966, als Forscher des U.S. Naval Research Institute sich an Lindbergh wandten: Bei ihren Untersuchungen über kältetechnisches Konservieren von Organen waren sie auf seine Arbeiten gestoßen und befanden seine Apparatur als höchst geeignet für ihre Zwecke; sie zogen Lindbergh deshalb hinzu, damit er die Pumpe für ihren Anwendungsfall bei sehr tiefen Temperaturen in geeigneter Weise modifiziere.

Was Hänsel kann, schafft Gretel auch

Ist das Erfinden eine reine Domäne der Männer? So jedenfalls scheint es, betrachtet man sich die Galerien großer Erfinder. Tatsächlich zeigten sich aber auch sehr viele Frauen von der findigen Seite, allerdings oftmals bei Produkten, die weitgehend dem alten Rollenklischee von Kinder und Küche, Hegen und Pflegen entsprechen. Viele dieser Erfindungen sind im wahren Wortsinn einfach genial. Doch da ihnen der strahlende Hightech-Nimbus abgeht, nimmt man sie kaum wahr.

Fast schon symbolisch – und das ist wirklich zu schön – zeigt das gerade unsere Leittechnologie der Moderne: der Computer. Bereits Charles Babbage wäre bei der Konstruktion des ersten Rechners ohne Lady Lovelace recht hilflos gewesen, und das nicht nur in finanzieller Hinsicht. Sie war zudem seine Programmiererin.

Andererseits wagt auch ein Mann gelegentlich die Grenzüberschreitung: So präsentierte sich vor Jahren auf der Erfindermesse in Genf ein japanischer Tüftler männlichen Geschlechts dem staunenden – und amüsierten – Publikum mit einem

Schnuller im Mund. Dieses Wunderwerk des elektronischen Zeitalters hatte eine durchaus wichtige Aufgabe: Laut zu geben, sobald die Körpertemperatur des nuckelnden Babys sich bedenklich dem Fieber nähert. Aber wer weiß, vielleicht inspirierte ihn zu dieser Erfindung ja seine um den Nachwuchs besorgte Frau.

Das Auto fest im Blick

Einem flotten Spruch gemäß verstehen Frauen nichts von Autos. Dieses Vorurteil der Männer widerlegen aber nicht zuletzt drei amerikanische Ladys.

Als Mary Anderson im Jahre 1903 von Alabama nach New York reiste, beobachtete sie verblüfft, wie die Autofahrer immer wieder anhalten und aussteigen mussten, um den Schnee von der Windschutzscheibe zu fegen. Sie sann auf Abhilfe und beantragte 1904 das Patent für einen Schwingarm mit Gummiwischer, der sich von innen über die Scheibe bewegen ließ: Der Scheibenwischer war erfunden. Die Idee hatten damals zwar auch andere. Doch der entscheidende Unterschied war: Andersons Konstruktion funktionierte. Aber sie verkaufte ihre Erfindung nie. Dennoch gehörten mechanische Scheibenwischer seit 1913 zur Standardausrüstung amerikanischer Automobile.

Im gleichen Jahr machte sich Florence Lawrence Gedanken über die Sicherheit. Sie war eigentlich Schauspielerin in Stummfilmen, aber auch begeisterte Pionierin des Automobilsports und wurde so zur Erfinderin. Sie ersann einen Signalarm: Auf die hinteren Kotflügel montiert, ließ er sich per Knopfdruck betätigen und elektrisch auf und ab bewegen, was nachfolgenden Fahrern eine beabsichtigte Richtungsänderung anzeigte. Auf ganz ähnliche Weise wollte Florence Lawrence das Bremsen signalisieren: Statt dass ein Bremslicht leuchtete, ging bei ihrer Konstruktion eine Flagge hinten am Auto hoch, sobald man die Bremse drückte. Ein Erfolg wurden ihre Erfindungen freilich nicht, andere Lösungen erfüllen heute den Zweck. Doch ein Wagentyp jedenfalls, der es sogar zu Kultstatus brachte, hatte längere Zeit seitliche Winker als Richtungsanzeiger, bis auch er Blinklichter verordnet bekam: der »Käfer«.

Das Erfinden scheint bei Florence Lawrence übrigens ein wenig in der Familie gelegen zu haben. Auch ihre Mutter Charlotte Bridgwood hat sich in der Richtung betätigt und den ersten automatischen Scheibenwischer für Autos erdacht. Eine elektrische Variante ließ sie 1917 patentieren, als gerade ein anderes Unternehmen eine handbetriebene Version auf den Markt brachte. Für ihre eigene Idee aber konnte sie damals kein Kapital mobilisieren. Erst ab 1923 gehörte der automatische Scheibenwischer zur üblichen Ausrüstung von Autos. Weder Mutter noch Tochter gelang es, ihre Erfindungen zu vermarkten, zu verkaufen. Vielleicht glaubte man ja, Frauen verstünden einfach nichts von Autos, selbst wenn es um den klaren Durchblick ging.

Hollywood-Diva als Kriegsgöttin

Eigentlich hieß sie Eva Maria Kiesler, und ihre Wiege stand in Wien. Schon mit 17 Jahren gelang ihr der Durchbruch beim Film, in den dreißiger und vierziger Jahren des 20. Jh. stieg sie auf zu einem der am meisten bewunderten Stars von Hollywood: Hedy Lamarr, wie sie sich nannte, nachdem sie den Kontinent nach Hitlers Machtergreifung verlassen hatte und über die Zwischenstation London nach Kalifornien gelangt war. Damals verließ sie nicht nur die Alte Welt, sondern auch ihren Mann, denn sie hatte in Wien schon jung Fritz Mandl geheiratet, einen weltweit tätigen Waffenhändler und Munitionsproduzenten. So kam sie in Kontakt mit dem Kriegswesen, da sie offenbar öfter bei Gesprächen über Waffen und Rüstungsfragen zugegen war. Jedenfalls hat sie manchen Berichten zufolge auf einem jener Treffen erstmals ihre Idee offenbart: einen gelenkten Torpedo, der jedoch nicht verwirklicht wurde, denn das Radiosignal zur Steuerung schien zu störanfällig zu sein.

Doch während des Krieges holte sie ihre alte Idee wieder hervor, weil sie damit zum Sieg der Alliierten beitragen wollte. Zusammen mit dem Komponisten George Antheil arbeitete sie ab 1940 daran, aus der Idee ein funktionsfähiges Gerät zu machen. Die Schauspielerin und der Komponist, eine merkwürdige Allianz? Nun, Lamarr hatte sich etwas einschlägiges

Wissen ja gewissermaßen angeheiratet, und Antheil verfügte durch seine Arbeit über Einblicke in die Funktion mechanischer Klaviere. Das konnte er offenbar bei der Konstruktion des Funkgerätes umsetzen: Die Torpedos sollten Funkbefehle von einem steuerbaren Radiotuner erhalten; damit der Feind diese nicht stören konnte, veränderten sie die Frequenz nach einem Zufallsmuster; das Muster der Frequenzverschiebung aber war in ähnlicher Weise kodiert wie die Information auf den Walzen der altbekannten mechanischen Klaviere. Tatsächlich erhielten sie im August 1942 ein Patent auf ihr »Secret Communications System«, Frau Lamarr hier unter dem Namen Hedy Keisler Markey.

Ein solches Gerät kam jedoch im Zweiten Weltkrieg niemals zum Einsatz. Jahre später jedoch, das Patent war zwischenzeitlich bereits ausgelaufen, nutzte eine Firma ein leicht abgewandeltes System zur Satellitenkommunikation. Und hier leistet die Methode bis heute gute Dienste. Gegen Ende des 20. Jh. erfuhr Hedy Lamarr dann auch selbst noch Ehrungen als Erfinderin: 1997 erwies ihr die amerikanische Electronic Frontier Foundation Reverenz, und 1998 zeichnete sie der österreichische Erfinderverband mit der Kaplan-Medaille aus.

Kampf der Exzentriker

Ein Schuss Exzentrik ist bei Erfindern nicht ungewöhnlich. Doch Nicola Tesla scheint selbst da jedes Maß gesprengt zu haben. Als Erfinder wird ihm ohnehin Genialität zugebilligt. So soll er im Alter von 25 Jahren – nach einem Studium der Elektrotechnik – beim Spaziergang durch einen Budapester Park den Wechselstrom entdeckt haben, während er einem Freund Gedichte aufsagte und dabei in Trance fiel. 1884 ging er nach Amerika und heuerte bei Thomas Alva Edison an. Schon bald waren beide aber heillos zerstritten. Vermutlich ging es in ihrer Auseinandersetzung um den Wechselstrom, der für die öffentliche Versorgung viele Vorteile hatte. Doch Edison blieb ein Verfechter des Gleichstroms.

Als Tesla nun seine entsprechenden Rechte an George Westinghouse verkaufte, fürchtete Edison die Konkurrenz – obwohl er beste Voraussetzungen zum Einstieg in diese Technik der Zukunft hatte – und überzog den Wechselstrom mit einer Schmutzkampagne: In öffentlichen Schaustellungen tötete man Hunde und Katzen auf Blechplatten, die unter 1000 Volt Wechselspannung gesetzt wurden. Es ließ sich sogar erreichen, den elektrischen Stuhl des Staates New York mit einem Generator von Westinghouse zu versehen, was die tödliche Wirkung drastisch dokumentierte; man schämte sich selbst nicht, vorzuschlagen, diese Art der Hinrichtung als »Westinghousing« zu bezeichnen.

Trotzdem brachte der Handel Tesla zunächst ein Vermögen ein und hätte ihn vermutlich zu einem der Superreichen gemacht, hätte seine Exzentrik nicht Finanziers und Banken verschreckt. 1899 jagte er in Colorado künstliche Blitze hoch in die Luft und legte dabei die Stromversorgung lahm. Auf diesem Wege hoffte er eine Anlage zu erfinden, mit der sich Radiowellen von Kontinent zu Kontinent schicken lassen. Das Ziel verwirklichte aber 1901 Guglielmo Marconi, indem er 17 Patente von Tesla benutzte, wie dieser sagte, wobei er bei einer Klage 1915 auch bezüglich eines Patents Recht bekam. Trotzdem blieb ihm die große Anerkennung versagt, und er zog sich immer mehr zurück, bis er schließlich 1943 in New York verarmt starb.

Genialischer Herr Jedermann

Stand der Erfindungsreichtum zu Anfang – im griechischen Mythos – gar mit göttlichen Sphären im Zusammenhang, so präsentiert sich das Bild des Erfinders inzwischen fast schon banal. Denn auch die Helden der Technik sind uns abhanden gekommen, lebendig allenfalls noch in der Erinnerung, ersetzt durch den verschusselten Tüftler. Dass der gleichwohl Geniales wie Dämonisches zu vollbringen vermag, ist diesen Vertretern der Gewöhnlichkeit nicht unbedingt anzusehen.

Keiner verkörpert diesen Prototyp eines Erfinders der Moderne so sehr wie der Tüftler des 20. Jh. überhaupt: Daniel Düsentrieb. Und es spricht für sich, wie sehr eine Comicfigur das Bild der Allgemeinheit beeinflussen konnte – oder dieses umgekehrt in ihr abbildete. Erfinder des genialen Daniel Düsentrieb – im amerikanischen Original heißt er übrigens Gyro

Gearloose – war Carl Barks, der legendäre Zeichner im Disney-Kosmos, den er selbst um einige der prominentesten Figuren bereicherte. Der Ingenieur Daniel Düsentrieb taucht erstmals 1952 auf und erfindet sogleich eine Maschine, die Intelligenzstrahlen aussendet. 1956 hat er seine erste eigenständige Geschichte, als Blitzefänger, die dann zwar nicht so recht zum Betreiben von Elektrogeräten taugen, dafür aber umso besser als Regenerzeuger. In diesem Jahr tritt ihm dann übrigens auch sein Assistent zur Seite, Helferlein, mit dem drahtigen Körper und der Glühbirne als Kopf.

Von Kletten, Schlangen
und Delphinen

Vorbilder

Kein Erfinder schöpft seine Ideen aus dem Nichts. Woher aber dann? Manchen erschien die zündende Idee wie eine Vision, im Halbschlaf oder im Traum. Doch darauf ist kein Verlass. Besser schon sucht man sich als Erfinder Vorbilder, die anzuregen vermögen. Da hält etwa die Natur ein unerschöpfliches Reservoir bereit, aus dem man sich (sogar kostenlos) bedienen kann. Und gewiss ist auch das Erfinden im industriellen Maßstab – eine »Erfindung von Edison« – eine sehr effiziente Methode.

Von der Natur abkupfern

Technik ist Menschenwerk und der Mensch ein Teil der Natur. So ist es auch nicht verwunderlich, wenn Techniker von alters her bei natürlichen Vorbildern abkupferten, was ihre Leistung übrigens keineswegs schmälert. Mit dem Aufstieg von Wissenschaft und Industrie gewann dies dann freilich ganz andere Dimensionen. War das Gegenüberstellen biologischer Prinzipien und technischer Fragestellungen einst eher heuristische Methode, so erwuchs daraus spätestens Mitte des 20. Jh. eine gezielte Analogieforschung.
Viele Rätsel der Biologie wurden erst dann gelöst, als man sie mit technischen Begriffen anging. Das gestaltete sich anfangs zwar oft recht einfach, etwa in der maschinenhaften Sicht von Käferbeinen durch Franz Reuleaux im Jahre 1902 oder dem 1905 patentierten fischförmigen Gerät zum Lotsen von Schiffen des Erfinders C. Lie. Von hier führen Verbindungslinien zur modernen Robotik, die sich zur Konstruktion ihrer Maschinen teils auf ähnliche Überlegungen stützt. In gezielter Weise untersucht die Bionik Möglichkeiten eines Erfindens nach Mustern und Prinzipien der Natur.
Den Begriff »Bionik« erfand übrigens der Offizier J.E. Steele 1960 auf einem Kongress in Ohio, die USA waren damals ein Pionier in diesen Forschungen: Schon seit 1959 betrieb die amerikanische Luftwaffe ein Programm, um die Funktion des menschlichen Gehirns zu erkunden und die Erkenntnisse dann technisch umzusetzen. Aber die wissenschaftliche Disziplin selbst hat Steele nicht begründet. Die frühesten Wurzeln reichen mindestens zurück bis zu Leonardo da Vinci. Die Arbeitsrichtung in unserem heutigen Sinne aber schuf ab 1919 Raoul Heinrich Francé, damals Direktor des Biologischen Instituts der Deutschen Mikrobiologischen Gesellschaft in München. Er nannte das Gebiet freilich Biotechnik, ein Begriff, der heute in ganz anderem Sinne benutzt wird; denn dabei geht es meist um die technische Nutzung des biologischen Systems selbst, wenngleich man dieses zuvor oft künstlich ändert für den gewünschten Zweck; ein Beispiel hierfür sind Mikroorganismen, die Arzneistoffe produzieren. Die Bionik hingegen bedient sich nicht direkt der Natur und kopiert sie auch

nicht einfach, da sich vieles ohnehin nicht beliebig auf die Technik übertragen lässt; sie analysiert daher deren Mechanismen möglichst genau, stets mit dem Ziel, dies dann technisch umzusetzen.

Kleider, die wie Kletten kleben

Was ist der beste Treibstoff für Erfinder? Gewiss der Ärger über Dinge, die nicht tun, was sie sollen. Ein solcher Auslöser war eines Tages ein klemmender Reißverschluss am Kleid seiner Frau, mit dem sich der Schweizer George de Mestral herumärgerte. Als Lehrmeisterin sprang ihm in jenem Jahr 1948 die Natur zu Hilfe, als er mit seinem Hund in den Bergen der Alpen herumstreifte. Dabei hatten sie sich nämlich beide jede Menge Kletten eingefangen. Als er diese nun aus Fell und Kleidern zupfte, kam ihm die Erleuchtung für eine völlig neue Art von Verschluss. Das war gewiss der Gedankenblitz, der zur bekanntesten Erfindung in diesem ideenreichen Erfinderleben führte. Denn schon im Alter von zwölf Jahren meldete George de Mestral einen Spielzeugflieger zum Patent an; seine letzte Erfindung, ein ausgeklügelter Spargelschäler, datiert von Anfang der 1970er-Jahre. Als er sich jetzt also die vielen kleinen Haken an der Klette betrachtete, formte sich in seiner Vorstellung das Prinzip des Klettverschlusses.
Freilich brauchte es von da an noch mehrere Jahre, bis ein funktionierendes System aus zwei Bändern mit Häkchen hier und winzigen Schlaufen da als Produkt geschaffen war. Doch ab 1957 fertigte er die Verschlussbänder in seiner Fabrik, und schon bald machten sie sich nicht nur im Alltag breit, sondern eroberten überdies recht exotische Anwendungen. Es blieb nämlich nicht dabei, mit einer neuen Methode Reißverschlüsse und Knöpfe an Kleidern zu ersetzen. Das Klettband hielt auch Taschen zu und Bezüge an ihrem Platz – und fixierte sogar Astronauten, die unter Schwerelosigkeit andernfalls in der Kabine ihres Raumfahrzeugs herumschweben würden.

Frost gegen Frust

Wenige Erfinder wehren sich vehement dagegen, wenn ihnen die Priorität an einer Neuerung zugesprochen wird. Einer von ihnen ist Clarence Birdseye, und er konnte gleich auf zwei Vorläufer verweisen, bei denen er lediglich abgekupfert habe. Schon als Junge lenkte er mit seinem großen Interesse an Tieren und der Natur Interesse auf sich und vermochte diese Neigung durch kleine Jobs auch in bare Münze umzuwandeln. Als er später für den U.S. Biological Survey im Westen arbeitete, lernte er den Pelzhandel kennen und ging 1912 für fünf Jahre nach Labrador.

Hier nun, auf dieser kanadischen Halbinsel, kam es zu einer Initialzündung: Birdseye war nämlich aufgefallen, dass das Fleisch von winters erfrorenen Enten und Fischen nach dem Kochen weniger zerfallen war und auch besser schmeckte als das von solchen Tieren, die im Herbst oder Frühjahr das Schicksal des natürlichen Frostens ereilte. Er zog aus dieser Beobachtung den Schluss, wie gut Beschaffenheit und Geschmack erhalten bleiben, hänge von der Geschwindigkeit des Erfrierungsvorgangs ab. Dabei beließ er es aber nicht, sondern suchte einige Jahre später nach einem technischen Verfahren, durch Schnellgefrieren Lebensmittel nicht nur einfach zu konservieren, sondern auch deren charakteristischen Geschmack zu bewahren. So erfand er das Schockfrosten zwischen eisigen Metallplatten: Der kritische Temperaturbereich, in dem die Flüssigkeit der Zellen zu recht großen Eiskristallen gefriert, die dann Teile des Gewebes zerstören, wird bei dieser Methode sehr schnell durchlaufen.

Birdseye verkaufte über seine 1924 gegründete General Seafoods Company schockgefrostete Fische und anderes Fleisch. Allerdings ohne Gewinne, denn er musste viel Geld in die aufwendige Technik investieren; und gerade bei Tisch sind bekanntlich auch die Konsumenten Fremdem gegenüber häufig noch zurückhaltender als ohnehin schon. Doch nachdem einige Zeit vergangen war, brachte es Birdseye doch noch zu beträchtlichem Wohlstand. Ach ja, und was nun die Urheberschaft betrifft, da habe er ja nur nachgemacht, was die Natur in den Kältegebieten der Erde sowieso andauernd vollziehe; und wenn schon, beharrte er weiter, dann seien doch wohl die

Eskimos die wahren Experten beim Gefrieren und nicht etwa er!

Salz statt Mohn

Auch kleine Dinge können überzeugen. In seiner Schrift »Die Pflanze als Erfinder« aus dem Jahre 1920 beschreibt Raoul Heinrich Francé, wie ihn eine unscheinbare Mohnkapsel zum Erfinder machte. Diese voll Staunen betrachtend, zeichnete er nach ihrem Modell Streuer für Pfeffer und Salz, Puder und andere, medizinische Zwecke. Tatsächlich erhielt er auf seine Streuer dann sogar ein Patent, was ihn aber vor allem deshalb erfreute, weil er es als Anerkennung der von ihm benutzten Methode sah.

Denn im Grunde war er mehr Gelehrter als Erfinder. Sein Ehrgeiz zielte darauf, einer Methode zum Durchbruch zu verhelfen, für die er eine große Zukunft vorhersagte, »eine neue Blüte der Industrie«. Erlebt hat er das freilich nicht mehr. Warum? Wissenschaftshistoriker sehen die Ursache in den damals starren Grenzen zwischen den Fakultäten der Universität. Interdisziplinarität, ein Wesenszug der Bionik, kam erst vier Jahrzehnte später in Mode. Übrigens legte Francé selbst keinerlei Wert darauf, als Erfinder zu gelten, da er ohnehin »nur ein elender Kopist der Natur« sei.

Geistige Höhenflüge

Die Bionik als Wissenschaft ist ohne Zweifel ein Kind des 20. Jahrhunderts. Und dennoch könnte sie sich mit einigem Recht auf einen ganz großen Vordenker berufen: Leonardo da Vinci, der in seiner Person das genaue Auge des Naturforschers mit dem ästhetischen Blick des Künstlers vereinte, den technischen Sinn des Ingenieurs mit dem Genius eines Erfinders. Der aufmerksame Betrachter sieht es schon seinen Naturstudien an, die über das genaue Aufnehmen einer Struktur oder einer Bewegung meist hinausweisen; es sind eben nicht nur Skizzen eines Künstlers, mit denen sich dieser Klarheit über das genaue Aussehen einer Pflanze, die Bewegung eines Tieres oder den Lauf des Wassers verschaffen will, sondern zugleich oft auch Vorstudien für den Bau von Flugapparaten oder Wasserleitungen.

So studierte Leonardo mit akribischem Blick die Wirbel von Wasser und brachte sie genau zu Papier. Er hatte sogar eine umfangreiche Enzyklopädie über das Wasser geplant, über alle seine Bewegungsformen und Strömungen. Seine detailreichen Entwürfe lesen sich wie Vorstudien zu diesem Werk. Da Leonardo nie nur ein purer Theoretiker war, hatte er wohl auch beim Studium des Wassers seine Ingenieurskunst im Sinn. So hinterließ er zahlreiche Entwürfe von Brücken und Kanälen, Pläne für Wassermühlen oder gar komplette Umleitungen von Flüssen. Die gezeichneten Versuche übrigens, Strömungsverhältnisse um Hindernisse im Wasser herum genau zu erfassen, sind auch heute mathematisch oft nur näherungsweise mit Computern darstellbar.

Was nun Körperbau und Bewegungen anbetrifft, so beschäftigte ihn neben den Gangarten des Pferdes vor allem der Flug von Vögeln und Fledermäusen. Seine Beobachtungen setzte er beispielsweise in den Flügelkonstruktionen seiner Flugapparate um. Weil er aus der richtigen Analyse des Flügelschlags nach unten fälschlich schloss, die Federdecke müsse dann beim Aufwärtsschwingen Luft durchströmen lassen, ertüftelte er für die Kunstflügel einen Mechanismus mit Klappen und Ventilen, der technisch genau das leisten sollte. Wie genau seine Beobachtungen trotz falscher Interpretation dennoch waren, zeigt sich heute, rund 500 Jahre später: Der Bionik-Professor Werner Nachtigall konnte mit Hilfe einer Messtechnik, der Stereo-Hochfrequenz-Photogrammetrie, in seinem Labor die Flugbewegungen des Vogelflügels genauer analysieren. Und er weist ganz neidlos darauf hin, dass bereits Leonardo da Vinci diese Bewegungen rein intuitiv richtig skizziert hat – ganz ohne den neuzeitlichen apparativen Aufwand.

Thunfisch mit Delphinhaut und Schraube

Seit der Mensch sich an Unterwasserfahrzeugen versuchte, hat er auch mit verschiedenen Formen experimentiert. Will man ein U-Boot mit optimaler Konstruktion in Bezug auf Geschwindigkeit und benötigte Energie bauen, so ist das Studium bei der großen Erfinderin Natur durchaus erfolgversprechend – wenn es richtig geschieht.

Ein Thunfisch etwa erreicht mit etwa 90 Kilometer pro Stunde eine um rund ein Drittel höhere Geschwindigkeit als heutige U-Boote. Die Analyse seiner Körperform ergibt ein auffälliges Maximum in der Dicke, das weit nach hinten reicht. Diese Gestalt aber erweist sich als strömungstechnisch sehr günstig, weil so über eine große Länge des Tierkörpers stabile Strömungsverhältnisse mit geringer Reibung herrschen. Diese Tatsache ermöglicht einen energetisch sehr günstigen Vortrieb. Deshalb übernahmen die Ingenieure diese Form dann für die Profile ihrer technischen Konstrukte. Doch damit sind die Möglichkeiten noch längst nicht ausgeschöpft. Strömungsmechanische Experimente decken einen weiteren Vorteil auf: Der Flossenantrieb des Thunfischs ist energetisch ebenfalls viel günstiger als die vertrauten Schiffsschrauben unserer U-Boote. Tatsächlich hat man deshalb auch ernsthafte Arbeiten an Schiffsmodellen mit Flossenantrieb gestartet.

Doch auch der Delphin hat etwas zu bieten: Die Struktur der Haut dieser Meeressäuger ist durch ein feines Kammersystem charakterisiert; schwimmt das Tier nun mit größerer Geschwindigkeit, so wird die Haut leicht eingedellt, was die laminare Strömung erleichtert und so wegen des dadurch verringerten Widerstands zu höherer Geschwindigkeit führt. Auch das ist ein Vorbild für die Konstruktion besserer technischer Lösungen.

Allerdings kann die Lehrmeisterin Natur allzu flüchtig Studierende durchaus in die Irre leiten. Fixiert man den Blick beispielsweise auf das Wimpertierchen, so zeigt sich ein Organismus, der im Vergleich zu seiner winzigen Körperlänge fraglos sehr schnell schwimmt; das erledigt dieser Einzeller mit ruderähnlichen Bewegungen seiner vielen Wimpern, die ihm eben als Fortbewegungsorgane dienen. Im Gegensatz zum Thunfisch befruchtet das Studium dieses Tierchens den Bau von U-Booten aber nicht, obwohl es sich trotz seiner ungewohnten Form energetisch optimal unter Wasser fortbewegt. Der scheinbare Widerspruch löst sich rasch auf beim Blick auf die entscheidende Bedingung: Das Wimpertierchen bewegt sich nämlich im laminaren Bereich der Wasserströmung, während das U-Boot für den turbulenten auszulegen ist.

Atom treibt Platin nach Murmansk

Bioniker wissen es schon lange: Für den Gütertransport über große Entfernungen sind die gewohnten Frachtschiffe eigentlich nicht der Weisheit letzter Schluss, und Flugzeuge schon gar nicht. Denn wenn man die hierfür benötigte Energie als Kriterium nimmt, wären Fracht-U-Boote viel sinnvoller. Damit argumentieren Bioniker nun allerdings schon seit Jahren gegen Gewohnheiten an, die sich seit Jahrzehnten und teils gar Jahrtausenden im menschlichen Bewusstsein als Normalfall festgesetzt haben. Denn ob nun mit Rudern, unter vollen Segeln oder mit einem Schiffsdiesel: Bis ins 20. Jh. waren Frachter die Symbole für den Austausch von Waren aller Art rund um den Erdball. Und die Luftfracht als jüngste Alternative ist heute ohnehin unschlagbar, wenn es um Zeitersparnis geht. Da konnten die Wissenschaftler noch so sehr darauf verweisen, bei vielen Gütern sei der Faktor Zeit doch nicht sehr entscheidend; solange billige Energie zur Verfügung steht, verhallt das zumeist ungehört.

Aus ganz anderen Gründen verfolgt nun aber Russland seit geraumer Zeit genau ein solches Projekt: Man kann es einerseits unter dem Aspekt der Abrüstung sehen; andererseits verheißt es völlig neue Möglichkeiten für den Transport von Rohstoffen unter extremen Bedingungen. Denn bislang ist es so, dass während neun Monaten im Jahr die wichtigen Metalle aus Sibirien von Frachtern in die eisfreien Häfen nur gebracht werden können, indem sie im Konvoi hinter Eisbrechern herfahren. Denn nur so sind die Eismassen des langen arktischen Winters zu überwinden.

Nur so? Der sibirische Edelmetallkonzern Norilsk Nickel will bald schon andere Wege nehmen, entsprechende Studien für den Umbau gibt es bereits. Denn man will hierfür keine neuen Unterwasserfahrzeuge konstruieren, sondern schon vorhandene für die neue Aufgabe präparieren. Es geht um drei Atom-U-Boote der Typhoon-Klasse, von denen zu Zeiten des Kalten Kriegs insgesamt sechs unter dem polaren Eis ihren Dienst taten. Genau für diese Einsätze wurden sie ausgelegt, drei sind noch immer im Einsatz. Bei den stillgelegten aber, so die Projektidee, könnte man durch Entfernen der Torpedorohre und zugehöriger Technik Laderaum für Metalle schaffen. Auf diese Weise wäre es dann möglich, sagen die Berechnungen, die ganze Fördermenge an Nickel, Palladium oder Platin unter der meterdicken Eisdecke zum eisfreien Hafen Murmansk zu schaffen, zu jeder Jahreszeit und ganz ohne die Hilfe von Eisbrechern.

Wulst vorm Bug ist keine Schande

Der Anblick ist uns inzwischen bestens vertraut: große Frachtschiffe und Riesentanker, die am Bug etwas unterhalb der Wasserlinie einen gewaltigen Wulst vor sich herschieben. Doch immer noch ruft es gelegentlich auch Verwunderung hervor, dass so etwas günstiger sein soll als ein schnittiger Bug. Ist es aber tatsächlich, und die Gesetze der Strömungslehre sagen auch warum: Sind nämlich Querschnitt und Form des Wulstes günstig gewählt, hat er die richtige Tieflage und Länge, dann vermindert er die Höhe der Bugwelle; das Vorschiff wird deshalb günstiger umströmt, und der Widerstand kann sich im Vergleich zu wulstlosen Schiffen um mehr als zehn Prozent vermindern; das wiederum zeigt sich in einem geringeren Verbrauch an Energie bei gleicher Geschwindigkeit. Dieser Bugwulst wird gern mit einem Delphinkörper verglichen und als Leistung der Bionik dargestellt. Aber Bugwulstschiffe an sich reichen viel weiter zurück, denn die ersten befuhren schon Ende des 19. Jh. die Meere. Schon damals nämlich entwickelten R. E. Froude und D. W. Taylor dieses Prinzip, wobei sie sich von Prinzipien der Strömungsmechanik leiten ließen. Und wenn man den Blick allein auf eine vorgebaute Konstruktion am Bug richtet, dann zeigt uns die Technikgeschichte schnell: Auch sie waren da nicht die eigentlichen Erfinder. Denn schon in der Antike gab es ähnliche Konstruktionen – wenngleich auch als Rammsporn zu kriegerischen Zwecken. Noch in der zweiten Hälfte des 19. Jh. gab es Kriegsschiffe mit solcher Bewehrung.
Richtig ist allerdings auch, dass es zu Zeiten der beiden modernen Pioniere noch nicht möglich war, Schiffsumströmungen für die Vielzahl an Formen, Tiefgängen und Geschwindigkeiten zu beschreiben. So blieb der Bugwulst bis gegen 1960 zumeist auf schnelle Kriegsschiffe sowie einige Frachter

beschränkt, bei denen es ebenfalls auf Schnelligkeit ankam. Ein bekanntes älteres Beispiel ist der 1928 erbaute Schnelldampfer »Bremen« des Norddeutschen Lloyd, den allerdings noch ein Y-Wulst zierte, der sich von der heute gewählten Bauart deutlich unterscheidet.

Delphine schweben durch die Lüfte

Erfindungen nehmen manchmal verschlungene Pfade. Nehmen wir zum Beispiel Rümpfe in Form von Delphinkörpern! 1813 schnitt George Cayley einen Delphin in Scheiben, die er dann genau vermaß. Mit den so gewonnenen Daten konstruierte er anschließend einen Rotationskörper, der ihm als Vorbild für eine Ballonform diente. Das wurde Mitte des 20. Jh. erneut aktuell, als man solche Rotationskörper – Cayley hatte in ähnlicher Manier auch Forellen verwendet – mit den Zahlen für die im Flugzeugbau klassisch verwendeten Zylinderrümpfe verglich.
Zunächst zeigt ein Gegenüberstellen der Körperkonturen von Forelle, Thunfisch, Hai, Delphin und Seiwal: Jede Form ist nur für eine einzige Geschwindigkeit ideal, und die entspricht gerade jener, mit der die entsprechende Art im Wasser schwimmt. Fragt man nach der Ursache, so stellt sich die Verteilung des Drucks als für die Tauglichkeit einer Körperform entscheidend heraus. Das gilt für technische Konturen ganz entsprechend, und alle guten Strömungskörper erweisen sich als verhältnismäßig dick, in der Natur wie in der Technik.
Das steht nun freilich ganz im Widerspruch zu dem, wie man Flugzeuge bisher baute, denn seit dem Zweiten Weltkrieg hatten sich Rümpfe in Form von Zylindern durchgesetzt; diese sind nämlich relativ einfach und damit kostengünstig zu bauen. Waren Maschinen mit mehr Plätzen gefragt, so verlängerte man einfach den Zylinder. 1967 aber schlug dann der Flugzeugbauer Heinrich Hertel eine völlig neue Rumpfform vor, nachdem er sich die Arbeiten zu den – eben dicken – Rümpfen von Fischen genau angesehen hatte. Mit dem Ziel, möglichst viele Sitzplätze unterzubringen – seine ersten Entwurfsstudien fassen dreihundert Passagiere –, skizzierte er einen bionisch inspirierten Flugzeugrumpf. Er folgt in der Form dem

Delphin, ist erheblich dicker als die bisherigen Körper, und die Sessel sind in drei Decks übereinander angebracht. Nun ist der Bau solcher Formen freilich erheblich teurer als der einfacher Zylinder. Dennoch haben sich mit dem Jumbo seither moderne Großraumflugzeuge diesem Typ immer stärker angenähert.

Gehen muss es, aber wie?

Es ist eigentlich fast schon klar, dass die Bioniker sich auch um die Frage des Fluges mit menschlicher Muskelkraft kümmerten, bei so vielen prominenten Vorläufern in der Theorie und all den vergeblichen Versuchen kühner Flugpioniere. In bester bionischer Manier werteten sie dazu die Flugcharakteristika von Vögeln und Insekten aus und setzten sie in Beziehung zum jeweiligen Körpergewicht. Mit solchen Daten und Gleichungen ist es dann möglich, die Flugcharakteristika für einen Menschen zu berechnen.
Die Analyse erbrachte das Ergebnis: Es ist möglich, einen Flugapparat zu bauen, mit dem der Mensch allein aus eigener Muskelkraft ähnlich einem Vogel fliegen kann. Nur hatte noch nie jemand ein solches Gerät je gebaut, als diese Berechnungen Anfang der 1970er-Jahre durchgeführt wurden. Woran aber lag das? Die Bioniker sahen den Grund in einem zentralen Unterschied zwischen Vogel und Mensch: Während jener fast seine gesamte Muskulatur für den Flugzweck verfügbar hat, verteilen sich die Muskelmassen bei uns auf Extremitäten und Rumpf. Die gewohnten technischen Konstruktionen für den Antrieb mit Menschenkraft aber waren samt und sonders nicht in einer Weise ausgelegt, die eine Beteiligung von Armen, Beinen und möglichst auch noch wenigstens Teilen der Rumpfmuskeln ausgenutzt hätte.
Als man dann später tatsächlich solche Flugmaschinen erfand, die allein von menschlicher Muskelkraft angetrieben werden, schauten die Konstrukteure auch sonst noch bei der Natur ab. Benötigt wurden nämlich Werkstoffe, die zugleich sehr leicht und hochbelastbar sind. Das aber leisten Verbundmaterialien, wie man sie bei Tieren und Pflanzen häufig findet. Die Technik entwickelte entsprechende Werkstoffe, beispielsweise mit

Kohlenstofffasern verstärkte Kunststoffe. Allerdings erweisen sich biologische Materialien noch immer als belastbarer.

Götz von Karlsruhe leckt sich die Finger

Als Ritter mit der eisernen Hand brachte es Götz von Berlichingen zu literarischem Ruhm und wurde so zum festen Bestandteil im Wissensschatz des Bildungsbürgers. Technikhistoriker dagegen interessieren sich mehr für seinen eisernen Arm selbst, der in vielen Studien als kleines mechanisches Wunderwerk und frühes Beispiel ambitionierter Prothetik dargestellt wird. Tatsächlich lässt sich an ihm ein grundlegendes Problem studieren: Man benötigt auf der einen Seite einen Mechanismus, der die vielfältigen Funktionen des Originals zuverlässig und möglichst naturgetreu nachahmt; auf der anderen Seite darf die Konstruktion selbst dann auch nicht zu unförmig und schwergewichtig sein. In den Werkstätten der Prothetik wie auch der Robotik, wo man ebenfalls gelenkige und sensible Arme und Greifer braucht, entstand daher eine ganze Reihe unterschiedlicher Antworten auf diese ambitionierte Frage.

Eine neue Variante, deren Vorzug im Beherrschen sehr vieler Bewegungsmuster liegt, entwickelten Wissenschaftler des Forschungszentrums Karlsruhe. Ihre künstliche Hand preisen sie aber nicht nur als sehr flexibel, sondern ebenso als leicht, und überdies fühle sie sich auch noch natürlich an. Dem Vorbild der Natur kommen sie dank der besonderen Antriebstechnik nahe. Mit Flüssigkeit oder Gas angetriebene Aktoren sind in der Automatisierungstechnik als Antriebselemente weit verbreitet. Die Karlsruher Forscher konstruierten nun sehr kleine Fluidaktoren vor allem für den Einsatz in der Robotik. Sie bestehen aus kleinen Kammern, die ihre Größe ändern, sobald man eine Flüssigkeit oder ein Gas hinein- oder herauspumpt. Wegen ihrer Kleinheit aber lassen sich solche Mikrofluidaktoren in jeden einzelnen Finger der künstlichen Hand einfügen; und das wiederum erlaubt es, ein sehr individuelles Anschmiegen und damit Greifen ganz unterschiedlicher Gegenstände zu realisieren. Weil sich dieser Greifmechanismus überdies noch in hohem Maße selbst anpasst, hält sich auch der Aufwand für die Steuerung in Grenzen. Trotz ihrer hohen Beweglichkeit und Dynamik wirkt die Hand weniger mechanisch als Vorgängermodelle, und weil sogar der Antrieb selbst aus weichen Materialien besteht, erfreuen die Kunstfinger den Menschen aus Fleisch und Blut mit gewohnt elastischem Händedruck. Da eine Verletzungsgefahr nahezu ausgeschlossen ist, könnte die technische Hand, samt einem Roboterarm an Rollstühle montiert, Behinderten viele Dienste leisten.

Als die Schlange sich in den Schwanz biss

Wie der deutsche Chemiker August Kekulé von Stradonitz ein Rätsel seiner Zeit löste und die chemische Struktur des Benzolmoleküls erkannte? Darauf, so berichtete er, sei er nicht etwa während langwierigen Analysierens im Labor gekommen, sondern die Erkenntnis sei ihm gleichsam im Schlaf zugefallen, als Traum und somit – raunt es im Blätterwald – aus irgendwelchen geheimen Quellen und Kräften des Geistes. In dieser Weise aufgemacht, enthält die Geschichte viele Unwahrheiten, die noch den Faulsten auf geniale Eingebung hoffen lassen; dennoch birgt sie einen wahren Kern, der schon viele Wissenschaftler und Innovationsforscher ins Grübeln brachte.

Zutreffend ist nämlich, dass Kekulé das zündende Bild in einer Art Traum regelrecht vor Augen sah. Er selbst hat es plastisch beschrieben, wie sich da Atome vereinigten und in wildem Tanz herumwirbelten, wie sich Atomketten in der Art von Schlangen wanden und in den eigenen Schwanz bissen. Das war der Anstoß, aus dem heraus er dann im Wachzustand den Benzolring richtig beschrieb: als ein Sechseck aus sechs Kohlenstoffatomen, an denen jeweils ein Wasserstoffatom hängt.

Gerade weil sich Kekulé zuvor schon lange und intensiv mit dem Problem beschäftigt hatte, kreisten seine Gedanken ständig um diese Frage, selbst noch im Dämmerzustand und Schlaf. So aber konnte sein Hirn, und dies nun ist wirklich ein wunderbares Rätsel, Gedankenfetzen zu etwas Neuem formen. Da bleibt es dann zwar eine interessante Frage, ob die

Darstellung der Schlange, wie sie den eigenen Schwanz packt, als altes Symbol der Alchemisten dem Chemiker Kekulé vertraut war. Aber der Analogie haftet nun wirklich nichts Geheimnisvolles oder gar Mystisches mehr an.

Eine einzigartige Erfindung

Nicht allein berühmte Wissenschaftler und bekannte Erfinder überfällt die Lösung manchmal im Schlaf. Auch andere Menschen kommen gelegentlich durch Träume zum Erfinden. Ein – freilich leidvolles – Beispiel dafür berichtet uns der Arzt und Dichter Justinus Kerner.

Es ist die Geschichte einer kranken Frau, die während ihres Leidens an Somnambulismus ganz ohne eigenes Zutun zur Erfinderin wurde, wenn man das so sagen will. Denn bis zu ihrem zwanzigsten Lebensjahr fiel Friederike Hauffe aus dem württembergischen Prevorst weder durch solche Fähigkeiten noch sonst etwa durch Neigungen zum Kränkeln oder Schwermut auf. Als man aber dann einen verstorbenen Pfarrer beerdigte, dem sie sich sehr verbunden wusste, fiel sie erstmals in Ekstase. Wochen hindurch plagten sie Krämpfe und hohes Fieber, und sie verfiel körperlich. Als 1826 Kerner hinzugezogen wurde, erklärte er sie für somnambul und nahm sie als Patientin in sein Weinsberger Haus auf, wo sie bis 1829 weilte. Somnambulismus wurde damals häufig diagnostiziert, und hier kommt Franz Anton Mesmer mit seiner Heilmethode ins Spiel: Er schrieb allen Dingen der Natur, vom einfachen Kristall über den Menschen bis zu den Himmelskörpern, eine magnetische Kraft zu. Krankheiten wie die beschriebene entstehen demnach, wenn dieser Nervengeist im Körper gestört wird. Heilung versprach Mesmer durch Magnetisieren, wobei vom Heiler Nervenkraft in den Kranken strömt, etwa durch Handauflegen. Es scheint so, als hätte Mesmer bei manchen Erkrankungen des psychogenen Kreises Erfolge erzielt. Jedenfalls erlangte er solche Berühmtheit, dass das Magnetisieren geradezu eine Marotte wurde, und so wusste man sich nur noch mit Apparaten zum Magnetisieren zu helfen.

Auch Friederike Hauffe bezog gemäß der damals gültigen Lehre aus solchen Fässern mit Wasser und Sand und Pflanzen magnetische Kraft, die man über wollene Bänder auf sie leitete. Diese sollte dann Krämpfe in den Nerven auslösen und sie so ins Gleichgewicht bringen. Doch als ihr Vater verstarb, vertrug sie laut Kerner die Behandlung nicht mehr. Da erblickte sie träumend die tote Großmutter, welche ihr eine Maschine vorhielt, die Friederike Hauffe schon Jahre zuvor einmal vor ihrem inneren Auge gesehen hatte. Dieses Mal aber malte sie die Maschine am nächsten Tag auf, und Kerner ließ den Apparat von Handwerkern bauen: Während die Patientin daran die Spitze eines Dreiecks mit dem Blick fixierte, führte sie einen wollenen Strick an ihren Körper und wurde dann von Krämpfen durchzuckt. Die Wissenschaft unserer Zeit erklärt die Wirkung mit Selbsthypnose.

Von der Akademie in die Ruhmeshalle

Kunst ist nicht nutzlos, und Technik mehr als nur künstlich. So verstanden die alten Griechen unter »techne« ja gerade Kunst und Wissenschaft als Einheit. Erst in späteren Zeiten verschwand die im Begriff ursprünglich mitschwingende Kunst(fertigkeit) und er wurde auf den heute gebräuchlichen, einseitig materiellen Technikbegriff reduziert. Kunst und Wissenschaft zeigten also einst schon sprachlich vereint den Erkenntnisdrang des Menschen als umfassende Angelegenheit, die alle Möglichkeiten der Wahrnehmung und des Ausdrucks betrifft. In diesem Sinne, als kreative Verarbeiter von Ideen, sind dann aber Künstler auch Erfinder – und umgekehrt.

Genau den Zusammenhang betont auch das INSTI-Projekt zur Innovationsförderung der deutschen Wirtschaft: Die Wanderausstellung Blauer Kreis sollte gerade den Zusammenhang zwischen Kunst und technischer Kreativität herstellen. Dazu dienen künstlerische Werke von sechs namhaften Erfinder-Künstlern, unter ihnen auch Artur Fischer und Konrad Zuse. Für eventuelle Zweifler sei noch angemerkt, dass diese Doppelbegabung weltweit nicht selten ist. So betätigte sich etwa Samuel Morse als Historienmaler, bevor er dann später während einer Schiffsreise von Europa zurück nach Amerika den Erfinder in sich entdeckte und den ersten brauchbaren Schreibtelegraphen entwickelte.

Kunst wirbt um Gunst

Reißzwecken und Heftpflaster sind nützlich. Kunst steht gemeinhin eher nicht in dem Ruf. Das musste auch der französische Künstler Marcel Duchamp am eigenen Leib erfahren, als er recht verlassen und einsam hinter seinem kleinen Stand auf der berühmten Pariser Erfindermesse nach Interessenten spähte: »Ein Irrtum, zu hundert Prozent. Mindestens, das ist klar«, zitiert ihn H.P. Roché, der den Künstler damals auf dem Concours Lépine besuchte. Der Mensch sei eben hinter Nützlichem her, berichtet unser Augenzeuge. Das Apparätchen da, eingekeilt zwischen Abfallverdichter und Müllverbrennungsofen zur Linken sowie dem Gemüsehackmesser zur Rechten, war aber zu nichts zu gebrauchen: Wer sucht schon die Illusion perspektivischer Bewegung auf einer Erfindermesse? Genau das nämlich vermittelte Duchamp mit seinen optischen Scheiben, die sich auf Plattentellern drehten.

Kriegshandwerk braucht keine Kunst

Vielleicht erscheint es ein wenig erstaunlich, Baumeister in einer Reihe mit Erfindern dargestellt zu finden. Ist es aber nicht, denn rund um den Bau wird von alters her sehr viel erfunden, von der Schubkarre einst bis zum Spezialbeton heute. Interessant ist zudem, wie aus dem »Baumeister« alter Zeiten die neuen Berufe »Architekt« und »Ingenieur« wurden. Den Ingenieur kannte man bereits im 13. Jh. als Baukundigen für militärische Kreationen; das lateinische Wort »ingenium« bedeutet neben Scharfsinn und Einfallsreichtum ja auch Erfindungsgabe. Tatsächlich mussten Ingenieure jener Zeit technisch überaus beschlagen sein und überdies eine militärische Ausbildung vorweisen, etwa als Büchsenmeister oder Artillerieoffizier. Der Ingenieur war also Kriegsbaumeister und kümmerte sich vornehmlich um zweckmäßige Form sowie Fragen der Konstruktion und Technik. Der Architekt hingegen, in der Renaissance als eigenständiger Berufsstand etabliert, war für Zierform und die eher künstlerischen Dinge zuständig. Eine Paradebeispiel der alten Schule, in der die Architektur noch nicht auf statischen Berechnungen, sondern auf den persönlichen Erfahrungen des Baumeisters beruhte, dürfte Balthasar Neumann sein. 1687 in Eger als Sohn eines Tuchmachers geboren, wurde Neumann zunächst als Glocken- und Metallgießer ausgebildet. 1712 trat er in den Militärdienst ein, wo er sich als Oberst der fränkischen Artillerie umfassende Kenntnisse im Festungs- und Wasserbau und in der Landvermessung erwarb. Als das Treppenhaus seines Hauptwerks, der Würzburger Residenz, an deren Decke Giovanni Battista Tiepolo Neumann in Paradeuniform auf einer Kanone sitzend verewigte, über der damals kolossalen Breite von 19 Metern mit einem einzigen Flachgewölbe überspannt werden sollte, bot Neumann an, dort nach Abschluss der Bauarbeiten Kanonen abfeuern zu lassen, um die Tragfestigkeit seiner Konstruktion zu beweisen.

Alle für einen, einer für alle

Gemeinschafts-erfindungen

Wer hat das Rad, die Töpferscheibe, das Papier, den Kalender und die Uhr erfunden? Was die Menschheit um Riesenschritte voranbrachte, war selten das Werk eines einzigen Tages und einzelner Menschen. Die Geschichte technischer Revolutionen ist oft auch eine Geschichte der Namenlosen.
Doch manchmal entstehen auch Dinge, die eine schon länger da gewesene Idee mit einer besonderen neuen Variante fortführen. Ihre Erfinder reihen sich dann in eine Kette von Vorgängern ein. Man denke nur an James Watt und die Dampfmaschine oder an Henry Ford und das Fließband!

Schöngeistige Namenlosigkeit

Gab es die Erfinder der griechischen und römischen Antike überhaupt?, fragt man sich zunächst verwundert, wenn man überall nur die Namen sich selbst lobender Herrscher liest, die die Erfindungen ihrer Untergebenen für sich reklamieren. Und ob es die gab! Die erhaltenen Bauwerke künden von ihrem großen gestalterischen Willen und ihrem souveränen Gebrauch neuartiger Technik. Zudem findet sich manches detailreich auch in der schriftlichen Überlieferung der Zeit.

Sogar bei Aristoteles, den die Geistesgeschichte in der philosophischen Ecke abgestellt hat, lesen wir genaue Beschreibungen von mechanischen Instrumenten, wie sie zum Heben schwerer Lasten dienten. Aristoteles spekuliert hier über die Kombination zweier Rollen, mit der sich schwere Dinge leichter anheben lassen sollten als mit nur einer. Er stellt uns zudem Winde und Hebel vor, wobei ein Seil auf eine Winde gewickelt und diese mit einem Hebel gedreht wird. Es spielt hier übrigens keine Rolle, dass man Hebel gewiss schon lange verwendete; wichtig ist die systematische geistige Durchdringung solcher gewohnter Hilfsmittel und ihre Kombination zu weiteren einfachen Maschinen.

Wenn also der antike Erfindungsreichtum etwas namenlos wirkt, so ist neben der Prestigesucht damaliger Herrscher daran sicher auch die einseitige Beschäftigung späterer Gelehrtengenerationen mit der Antike schuld. Doch ist es heute anders, sind es nicht ebenso Legionen Namenloser, welche die Technikwelten um uns erschaffen, und nur ein paar prominente Namen ragen hervor – inmitten all der Politiker und Wirtschaftsführer, welche eine Erfindung gefördert oder finanziert haben oder einfach in sonst einer Weise beteiligt gewesen sein wollen? Und denken wir noch einmal zweitausend Jahre weiter, wird sich dann jemand eines Namens erinnern, etwa des Erfinders des Computers?

Blitze gezähmt und in Lampen gesteckt

Als er erst einmal das Feuer beherrschte, war der Mensch ein gewichtiges Stück weiter. Dabei mögen ihm anfangs zwar Blitze behilflich gewesen sein, die Buschfeuer auslösten. Doch entscheidender ist der Mut, die Panik davor zu überwinden, und der geweckte Erfindergeist, sich den instinktiv erspürten Nutzen dieser primär doch zerstörerischen Kraft verfügbar zu machen: also nach Wegen zu suchen, frei von Zufällen jederzeit das Feuer zu beherrschen.

Mit dem Feuer ließen sich ganz neue Mahlzeiten herstellen, auch die Hygiene machte Fortschritte. Die Menschheit war der Dunkelheit nicht mehr ausgeliefert, Licht und Wärme mögen sogar das soziale Leben günstig beeinflusst haben. Und sicher entdeckten findige Handwerker auch rasch die Vorteile des Feuers in der Bearbeitung von Materialien.

Frühe Funde von Lagerfeuern kennt man aus dem südlichen Afrika, sie sind älter als eine Million Jahre. In einer ungarischen Höhle ist das Verbrennen von Tierknochen durch Menschen vor 450 000 Jahren nachgewiesen. Im Lauf der Jahrtausende verfeinerte sich die Nutzung des Feuers, und vor etwa 18 000 Jahren tauchten dann auch die ersten Lampen auf. Als Brennstoff dienten Fette, Dochte fertigten unsere Vorfahren aus Fell oder Pflanzenfasern.

Grünzeug treibt die Geister aus

Maschinen, Energie, Pharmaka: drei Errungenschaften der modernen Technik, die unser Leben bestimmen? Ja, aber frühe Formen und Vorläufer nutzte die Menschheit schon in prähistorischer Zeit. Während wir das von Werkzeugen und Feuer durch Funde sicher wissen, kann man es bei Arzneimitteln nur annehmen; der Vergleich mit Jäger- und Sammlervölkern, die noch in der Neuzeit auf dieser Entwicklungsstufe lebten, legt den Schluss nahe.

Sichere Kunde haben wir erst von den frühen Hochkulturen. Schriftliche Zeugnisse schildern die damals zu erduldenden Krankheiten und ihre Behandlung. Zwar dominieren religiöse Riten und Magie noch weithin das, was man einmal Medizin nennen wird. Doch bereits die ägyptischen Heiler untersuchten ihre Patienten genau und wussten pflanzliche Heilmittel zu verabreichen. Überaus berühmt war Imhotep, der etwa 2800 v. Chr. praktizierte, daneben aber auch erfolgreich Pyramiden baute. Dabei entwickelte er gewiss ein scharfes technisches Gespür, und tatsächlich suchten die Ägypter schon gezielt nach verbesserten Methoden in Hygiene und Chirurgie. Nachgewiesen ist, dass Menschen bereits vor Beginn der Jungsteinzeit chirurgische Eingriffe vornahmen – sogar schon am Kopf, wie Schädelfunde aus Mitteleuropa, Nordafrika und Südamerika belegen. Sie reichen zurück in die Zeit von 12000 bis 3000 v. Chr. und zeigen runde Öffnungen, einige Zentimeter im Durchmesser breit. Man weiß zwar nicht genau, weshalb man damals Menschen den Schädel öffnete, doch die Funde zeigen zweifelsfrei, dass die Betroffenen die Operation manchmal tatsächlich überlebten.

Arbeit geteilt, Erfolg gemehrt

Arbeitsteilung gilt gewiss als ein charakteristisches Merkmal moderner Industriegesellschaft. Denn nach diesem Prinzip ist sie tatsächlich zu hohen Graden organisiert. Doch erfunden hat sie es nicht. Das ist ganz klar ein Verdienst der neolithischen Revolution. Als der Mensch vom Jäger und Sammler zum Bauern und Viehzüchter wurde, bildeten sich bereits vor 9000 bis 10000 Jahren frühe Formen sozialer Strukturen, in denen nicht mehr jeder alle Arbeiten verrichtete, sondern sich der Einzelne auf bestimmte Tätigkeiten verlegte und somit zum Spezialisten wurde. Natürlich fand dieser Wechsel nicht plötzlich statt. Die Produktion von Keramiken beispielsweise erreichte schon in der Altsteinzeit einen hohen Stand. Aber erst in der Jungsteinzeit finden wir die verschiedenen Merkmale der Arbeitsteilung klar nebeneinander. Wie in ähnlichen Prozessen späterer Ären stand dahinter kein formender Wille, noch war es die Folge nur einer epochalen Erfindung. Vielmehr entstand in kurzer Zeit eine so große Zahl von Neuerungen, dass eine völlig andere Qualität erreicht war.

Der Übergang zur produzierenden Wirtschaftsweise ist vor allem mit einem Anwachsen der Bevölkerungszahlen verbunden. Es mussten also immer mehr Menschen ernährt, gekleidet und mit zahlreichen Gütern des Alltags versorgt werden. Just in dieser Phase entdeckten findige Zeitgenossen, wie sich die Fasern mancher Pflanzen verspinnen und zu Geweben verarbeiten lassen. Also kultivierte man solche Pflanzen, und bald war auch schon der Webstuhl erfunden. Auf dem Speiseplan begnügte sich der Mensch in dieser Zeit nicht mehr nur mit dem, was er an wild wachsenden Pflanzen fand. Besonders schmackhafte oder ergiebige sonderte er jetzt vielmehr aus und schuf daraus durch planmäßigen Anbau und geschickte Kreuzung die Kulturpflanzen, also beispielsweise Getreide und Reis, Hirse und Mais. Und auch diese Neuerung zog Konsequenzen nach sich, denn nun konnte und musste man Vorratshaltung betreiben, wozu natürlich passende Gefäße nötig waren. Die Töpferei war zu der Zeit zwar schon bekannt, aber sie wuchs durch den großen Bedarf nun in ganz andere Dimensionen. Dies wiederum zog die Spezialisierung Einzelner auf die Töpferei nach sich, die neue Techniken, etwa beim Brand der Ware, erfanden oder die wohlbekannte Töpferscheibe zum raschen und akkuraten Formen. Die Spezialisierung in mehrere Bereiche förderte andererseits die Tauschwirtschaft. Alle diese Entwicklungen griffen wie Zahnräder, eins ins andere, und als Folge schnurrte als komplizierteres sozio-ökonomisches Getriebe eine Revolution ohne Lärm, die gleichwohl das Gesicht der Welt veränderte.

Von Rinderhälften und Automobilen

Als Symbolfigur für Arbeitsteilung gilt Henry Ford, das Fließband gerann zur Chiffre dieser Produktionsweise. Doch Ford erfand, weit verbreiteter Ansicht zum Trotz, weder die eine noch das andere. Wohl aber kombinierte er sehr geschickt die ihm verfügbaren Möglichkeiten und schuf auf diese Weise dann doch einen völlig neuen Zustand.
In Detroit eröffnete er 1910 eine Fabrik mit dem Ziel, zu konkurrenzlos niedrigen Preisen nur noch einen einzigen Autotyp zu bauen, das legendäre »Modell T«, die »Tin Lizzie«. Dazu ersann er Maschinen, die jeweils nur einen Arbeitsgang erledigten, diesen aber sehr schnell und präzise ausführen konnten. Doch die Montage in Arbeitsgruppen empfand er noch immer als Sand im Getriebe der Produktion. Daher kramte er seine alte Idee der Montagebänder hervor, um die gewünschten hohen Stückzahlen zu realisieren. Nach Vorbil-

dern brauchte er nicht lange zu suchen, denn in den Schlachthöfen von Chicago wurden die Rinder schon längst im Serienbetrieb zerlegt, wobei eben auch Fördersysteme zum Einsatz kamen, die Ford nur noch aufs Automobil zu übertragen brauchte.

Was vor Jahrtausenden begann, trieb Ford auf die Spitze. Dass dies nicht immer nur positiv war, beweisen gelegentliche Gegenmodelle zur Arbeitsteilung in Fabriken.

Es holpert das Rad durch die Weltgeschichte

Natürlich gibt es auch die einsamen Erfindungen Einzelner. Doch an all jenen, die wir heute als epochemachend empfinden, waren zumeist mehrere kluge Köpfe beteiligt. Weder erfand James Watt im Alleingang die Dampfmaschine, noch wäre uns ohne Konrad Zuse der Computer versagt geblieben. Wahrscheinlich entdeckten in grauer Vorzeit auch Menschen an mehreren Orten unabhängig voneinander die famose Eigenschaft geglätteter Baumstämme, das Bewegen schwerer Lasten zu erleichtern: Man weiß zwar nicht mehr, wann das war, aber die Rolle ist wohl eine typische Parallelerfindung. Das Rad war damit freilich noch nicht entdeckt. Auch in der Alten Welt dauerte es bis etwa 4000 v. Chr., bis endlich jemand den Geistesblitz hatte, von einer Walze zwei Kreisscheiben abzusägen und mit einer Achse zu verbinden. Manche Forscher vermuten auch, dass man das Rad in Mesopotamien beim Töpfern erfunden habe, als man auf die Idee kam, zwei Töpferscheiben auf eine Achse zu setzen.

So oder so: Der entscheidende Anfang war gemacht. Doch die Tüftler hatten am Problem einer befriedigenden Achslagerung immer noch lange zu knobeln. Erst versuchte man es zwischen Klötzen, dann mit Lederschlaufen. Im dritten Jahrtausend v. Chr. waren schließlich bei den Sumerern recht zufriedenstellende Wagen in Gebrauch, bereits auch solche mit vier Rädern. Bezüglich der Entwicklung des Rades selbst ging es ebenfalls Schlag auf Schlag. Bald schon gab es welche mit nagelbeschlagener Lauffläche, und die Erfindung von Speichen ließ auch nicht mehr lange auf sich warten. Auch Leonardo da Vinci beschäftigte sich voller Faszination mit dem Rad und griff das von den Römern erfundene achtspeichige auf, dessen Konstruktion er dann zum Vorläufer des heute noch gebräuchlichen verbesserte. Wie unterschiedlich jedoch solche technischen Entwicklungen verlaufen können, zeigt die Geschichte anderer Völker: Weder im südlichen Afrika noch in Ozeanien oder Südostasien lief eine vergleichbare Entwicklung ab.

Überaus interessant aber ist die Entwicklung in Lateinamerika. Auch die dortigen Hochkulturen nutzten zwar eifrig Rollen. Auf die Idee, ein Rad zu konstruieren, kamen sie aber nicht. Was allzu linear denkenden Innovationsforschern und Erfindungsförderern eigentlich zu denken geben müsste. Denn die Menschen der Neuen Welt kannten die Kreisform durchaus, und das technische Vermögen, die intellektuelle Kraft zu der Erfindung hatten sie ebenfalls. Mehr noch: In mexikanischen Gräbern des ersten Jahrhunderts n. Chr. fand man Keramikfiguren mit kleinen Rädern. Warum wohl aber Räder für praktische Zwecke keine Verwendung fanden? Wir wissen es nicht.

Alles im Fluss, manches im Griff

Gewiss ist der Wechsel eine Grunderfahrung des Menschen: Tag und Nacht folgen einander, und es gibt verschiedene Jahreszeiten, die mehr oder minder periodisch wiederkehren. Dennoch kann der Mensch die Erfindung der Zeit für sich reklamieren, sie stellt eine wirklich originäre Leistung dar. Denn dazu ist zunächst einmal die Erkenntnis erforderlich, man könne aus dem Beobachten solchen Wechsels irgendeinen Nutzen ziehen, und sodann der grüblerische Wille, geeignete Methoden für dessen Messung zu erfinden.

Der Zeitpunkt dafür war spätestens erreicht, als Menschen sesshaft wurden. Bauern brauchen nämlich einen Kalender, um die richtigen Saat- und Erntezeitpunkte im Voraus zu kennen. Sonst drohen dramatische Ernteverluste, weil etwa die Einsaat erfriert oder verdorrt. So blickte man zum Himmel, um sich im Zeitenlauf zu orientieren. Alle Hochkulturen entwickelten Kalender, die in astronomischen Phänomenen gründen: Die Erddrehung liefert den Tag, der Mondumlauf den

Monat, der Erdumlauf das Jahr; und manchmal spielt auch der Stand von Planeten und Sternbildern eine Rolle. Unseren heutigen Forderungen nach Präzision genügt das zwar nicht mehr, und so bedienen wir uns zur Messung der Zeit eher abstrakter atomarer Erscheinungen. Doch die vertraute Einteilung in Stunden und Tage, Monate und Jahre haben wir beibehalten.

Wem die Sonne scheint

Wie teilt man den Tag am besten ein? Nach dem Stand der Sonne, sagten sich die Alten und suchten nach Möglichkeiten, diese Beobachtung in ein beherrschbares Verfahren umzumünzen. Herausgekommen sind dabei die Sonnenuhren, die sich rasch in verschiedene Ausführungen differenzierten.
Schon in Mesopotamien war der Gnomon bekannt; im Grunde ist das einfach ein senkrechter Stab, der im Sonnenschein einen Schatten wirft und so auf der zugehörigen Skala dann die Ortszeit angibt. Die Ägypter erfanden bereits Sonnenuhren, bei denen der horizontal angebrachte Stab seinen Schatten auf eine vertikale Anzeige warf. Und die Griechen der Antike schätzten Skaphen, wie sie an vielen öffentlichen Plätzen standen: Im Innern hohler Halbkugeln befindet sich ein senkrechter Stab, der seinen Schatten in die Hohlkugel wirft und dort den Sonnenstand und somit die Zeit anzeigt.

Ein Ticken und Schlagen teilt den Tag

Vertraute die antike Welt noch den Sonnen- und Wasseruhren, assoziierten Erfinder im Mittelalter die Zeit mit immer komplizierteren Räderwerken. Die ersten mechanischen Uhren, die nach diesem Konstruktionsprinzip gebaut sind, tauchen im 13. Jh. auf. Gewichte trieben die Räder an. Ein horizontaler, pendelnder Balken und eine vertikale Spindel, die sich mitdrehte, regelten den Gang des Uhrwerks. Allerdings hatten die mechanischen Teile damals längst nicht die heute übliche Präzision. Reibung und Verschleiß im Räderwerk verstärkten den ungenauen Lauf. Abweichungen von einer halben Stunde am Tag waren deshalb normal. Daher mussten die Uhren bis ins 15. Jh. hinein täglich nachgestellt werden.

Wichtig war dies auch, weil im 14. Jh. die Blütezeit der in aller Öffentlichkeit sichtbaren Uhren begonnen hatte und der Bürger nun wissen wollte, welche Stunde ihm nun genau schlage. So kamen jetzt Schlagwerke auf, gelegentlich überaus kunstvoll verziert mit Glockenspiel und beweglichen Figuren: Man hatte offensichtlich noch Muße beim Beachten der Zeit. Ansonsten stattete man quer durch Europas Städte Kirchen und Rathäuser mit großen Zeigern und Ziffernblättern aus, die den Menschen weithin die Stunde anzeigten.
Das Räderwerk dahinter aber entwickelte sich sogar zum Symbol für den Lauf des Weltalls. Eine zwar geniale, doch auch simple Erfindung etablierte sich so als Herz eines ganzen mechanistischen Weltbilds, das fortan für Jahrhunderte die Technik- und Geistesgeschichte bestimmen sollte.

Wässrige Maschinenwelten

Es gibt Erfindungen, auf die scheint die Welt nur gewartet zu haben, so rasch verbreiteten sie sich. Dazu gehören gewiss die Wasserräder, einst die wichtigsten Kraftmaschinen, die zu Tausenden Europas Handwerk und Gewerbe schnurren ließen, bis weit hinein in die Moderne. Und selbst heute noch ist Wasserkraft die bedeutendste Quelle für erneuerbare Energie, was sonnenverliebte Anhänger der Photovoltaik gelegentlich gern übersehen.
Einfache Wasserräder waren schon im dritten Jahrtausend v. Chr. in Betrieb: Sie schöpften automatisch Wasser aus Flüssen und bildeten so das Kernstück künstlicher Bewässerung von Äckern im Alten Orient. Bereits 200 v. Chr. sollen in Syrien und Palästina auch Wassermühlen in Gebrauch gewesen sein. Eine weithin berühmte, riesige Anlage mahlte 200 n. Chr. im südfranzösischen Arles an guten Tagen 25 Tonnen Mehl. In Terrassen drehten sich 16 Wasserräder über- und nacheinander, die 32 Mahlwerke trieben.
Bis dahin waren aber ausschließlich so genannte unterschlächtige Wasserräder in Betrieb, die ihren Zulauf von der Unterseite des Rades erhielten. Vermutlich im 4. Jh. erfand dann in Mitteleuropa ein unruhiger Geist das oberschlächtige Wasserrad, bei dem das Wasser von oben auf das Rad gelenkt

wird, was den Wirkungsgrad beträchtlich erhöht. Allein in England sollen Ende des 11. Jh. rund 5000 Wasserräder in Betrieb gewesen sein.

Windiges aus Ost und West

Das gängige Geschichtsbild kann rasch den Eindruck vermitteln, das Abendland habe praktisch alle wichtigen Erfindungen im Orient oder in China abgekupfert, bevor man hier dann in der Renaissance endlich selbst so richtig zu erfinden begonnen habe. Das ist aber nicht der Fall, es gibt zahlreiche Beispiele originärer Entwicklungen aus westlicheren Regionen.

Eines dieser Beispiele ist die Nutzung von Windenergie. Das erste Mal bediente sich ein Mensch der Kraft des Windes vermutlich, als er ein Segel hisste und sich treiben ließ, statt den Kahn mühsam und schweißtreibend mit Muskelkraft zu bewegen. Wir wissen nicht, wo das war und wann, doch es liegt mit Sicherheit einige Jahrtausende zurück. Das Gleiche gilt für Windräder und Windmühlen, deren Erfindung von manchen Historikern in China angesiedelt wird. Doch diese Vermutung ist umstritten.

Der erste sichere Nachweis stammt aus christlicher Zeit: Heron von Alexandria trieb im 1. Jh. n. Chr. mit einem Windrad eine Orgel an. Doch auch das war nur das Einzelereignis eines geschickten Konstrukteurs und gelehrten Erfinders. Richtige Windmühlen waren zweifelsfrei im 10. Jh. in Persien in Betrieb. Sie hatten aber eine senkrechte Achse, an deren Spitze sich ein Kranz von Segeln im Winde drehte. Dieser Typ verbreitete sich dann in der ganzen arabischen Welt. In Europa wird zwar schon für das 9. Jh. in England eine Windmühle erwähnt. Doch erst ab dem 11. Jh. waren sie in Frankreich und Holland ein gewohntes Bild. Wahrscheinlich war dieser abendländische Typ sogar eine originär europäische Erfindung, denn er ist ganz anders konstruiert als der orientalische. Jedenfalls blieb die Windkraft bis zum Beginn des 20. Jh. eine wichtige Kraftquelle, die selbst die Zeit der Dampfmaschine überstand. Auf ihre entscheidende Rolle bei der Eroberung und Erschließung des amerikanischen Westens etwa, wo die vielen Windräder das benötigte Wasser aus dem Boden pumpten, ist immer wieder verwiesen worden.

Erst die machtvoll heraufziehende Elektrifizierung der Welt und eine Energiewirtschaft auf der Basis von Erdöl drohten ihr endgültig den Garaus zu machen. Windrotoren zur Stromerzeugung kamen erst dann wieder auf, als die Industrienationen angesichts steigender Rohölpreise, drohender Energieknappheit und wachsender Umweltzerstörung nach erneuerbaren Energieträgern schielten. Mittlerweile zählt die Nutzung der Windenergie sogar zu den Wachstumsbranchen, die ihrerseits Gegenwind bekommt: ausgerechnet von Naturschützern, die nun durch die immer größeren Konstruktionen der heutigen Erfinder massive Beeinträchtigungen der Landschaft befürchten.

Papier lässt die Gedanken fliegen

Bei leicht vergänglichen Dingen ist es doppelt schwer, den genauen Gang der Erfindung zu kennen. So kann man zwar beispielsweise aus alten Inschriften ableiten, dass der Mensch sich schon seit einigen Jahrtausenden mit der Kunst des Schreibens abmüht (was für manche die größte Erfindung der Menschheit überhaupt ist). Doch so eifrig man auch Nachrichten in Stein, Ton und Wachs ritzte, es waren doch umständliche und für den schlichten Alltagsgebrauch wenig praktikable Verfahren. Eine frühe brauchbare Schreibunterlage erfanden die Ägypter, indem sie das streifenförmig gepresste Mark von Papyrusstengeln zu den bekannten Papyri fügten, die aber etwas unhandlich und vor allem sehr teuer waren. Einen anderen Weg ging man in Pergamon, wo man im 2. Jh. v. Chr. das Schreiben auf feinen Tierhäuten perfektionierte, doch auch Pergament war teuer; deshalb blieb es im Abendland Bibeln und wichtigen Urkunden vorbehalten.

Papier wurde in Europa erst im späten 11. Jh. n. Chr. hergestellt, aber nicht hier erfunden. Die ersten Papiermacher gingen in Spanien ans Werk, das damals unter maurischer Herrschaft stand. Der Erfinder des Papiers entstammte allerdings nicht der arabischen Welt. Vielmehr wissen wir sehr genau, wie die Araber selbst sich diese Kenntnis verschafften: Sie entrissen das Geheimnis im 8. Jh. n. Chr. chinesischen Gefangenen und verbreiteten es dann während ihrer Eroberungszüge, eben auch nach Europa. Der genaue Zeitpunkt der Erfindung des Papiers liegt im Dunkeln. Dies muss mindestens in der Zeit um Christi Geburt geschehen sein, doch manche datieren das epochale Ereignis sogar zurück auf das dritte vorchristliche Jahrtausend.

Von China haben wir's gelernt?

Die alte Hochkultur China hatte bis zum 14. Jh. auch in der Technik Herausragendes geschaffen. Unsere Kenntnis darüber aus schriftlichen Quellen und archäologischen Funden ist sehr umfangreich. Weit weniger gut steht es um die Geschichte der Ausbreitung: Sehen die einen in China schon fast die technische Wiege der Menschheit, halten andere den frühen europäischen Erfindungsgang für eine eigenständige Entwicklung. Austausch gab es aber schon, wobei die Araber eine Schlüsselrolle spielten.

Indien als zweite alte Hochkultur Asiens hatte ebenfalls einen prägenden Austausch mit China. Leider gibt es nur wenige Erkenntnisse über frühe Verbindungen mit dem Abendland, da man im Land am Indus mit schriftlichen Aufzeichnungen lange Zeit viel sparsamer umging als die Chinesen. Gegen Ende des 17. Jh. allerdings begannen die Europäer dann sehr bewusst, sich von chinesischer Technik inspirieren zu lassen. Gottfried Wilhelm Leibniz etwa befragte den Missionar Claudio Filippo Grimaldi sehr genau nach den in China gebräuchlichen Maschinen und chemischen Verfahren.

Ein genialer Verbesserer wird Vater

Wer ist der Vater der Dampfmaschine? James Watt, der schottische Ingenieur, so haben wir es gelernt und so lernen es vermutlich auch noch unsere Kindeskinder. Das ist zwar nicht ganz falsch, aber eben nicht die ganze Wahrheit und vermittelt vor allem ein falsches Bild von Erfindungsabläufen. Denn es gab etliche Vorläufer.

Die entscheidende Idee, die Ausdehnungskräfte beim Verdampfen von Wasser als Antrieb zu nutzen, kam schon zu Beginn des 18. Jh. auf. So schufen die beiden Engländer Thomas Savery und Thomas Newcomen 1705 zusammen die

allererste Dampfmaschine. Newcomen trieb die Entwicklung dann weiter, und so gelang ihm 1712 die erste Dampfmaschine mit Kessel, Zylinder und Kolben, die wirklich brauchbar war: In einem Kohlebergwerk pumpte sie Wasser, war wegen der hohen Wärmeverluste aber alles andere als wirtschaftlich. Dennoch hielt sie auch in anderen Bergwerken rasch Einzug, denn die Wasserhaltung in den Schächten war ein großes Problem. Industrielle und Kapitalgeber erkannten sofort, was die Erfindung wert sei, und finanzierten James Watt die wirklich teure Weiterentwicklung der Maschine von Newcomen.
Und auf dieser Stufe der Entwicklung war es nun wirklich der 1736 geborene Watt, ein gelernter Feinmechaniker, der die entscheidenden Verbesserungen austüftelte und 1769 ein Patent darauf erhielt. Erst durch seine Verbesserungen – er entwickelte die doppelt wirkende Niederdruckdampfmaschine, bei der der Dampf abwechselnd auf beide Seiten des Kolbens wirkt – machte er die Dampfmaschine zur vielseitig verwendbaren Universalmaschine und ebnete ihr so den Weg in fast alle Lebensbereiche, von der industriellen Produktion bis hin zum Antrieb für ganz unterschiedliche Mittel der Fortbewegung.

Wo Blitze zucken und Funken sprühen

Elektrische Erscheinungen waren im 18. Jh. sozusagen ein gesellschaftliches Ereignis. In den Pariser Salons ergötzte man sich an Vorführungen zur Elektrostatik, und die Marquisen sollen in freudiger Erwartung Schlange gestanden haben, um sich elektrisieren zu lassen. Die Sache hatte aber doch auch einen ernsthaften Hintergrund. Denn die Magier und Gaukler regten die Suche nach Möglichkeiten an, elektrische Energie zu speichern. Die Lösung fanden 1745 – unabhängig voneinander – der pommersche Domdechant Georg Ewald Jürgen von Kleist und der holländische Physiker Pieter van Musschenbroek. Bei ihrer Erfindung handelt es sich im Prinzip um den ersten Kondensator, bis heute als »Leidener Flasche« bekannt.
Die zweite wichtige Erfindung für die weitere Nutzung der Elektrizität gelang 1799 dem italienischen Physiker Alessandro Volta. Die Volta'sche Säule war – anders als der Kondensa-

tor – die erste stetig arbeitende Stromquelle. Von ihr führt eine direkte Entwicklungslinie zu unseren modernen Batterien und Akkumulatoren. Auf demselben technischen Gebiet experimentierte auch Benjamin Franklin, dessen Name bis heute vor allem mit der amerikanischen Unabhängigkeit – und dem Blitzableiter – verbunden geblieben ist.

Leben nach dem Takt der Chips

Selbstredend gilt heute den meisten der Fernseher oder der Computer als bedeutendste Erfindung. Dies zeigt klar, wo für die Bevölkerung die wahren Prioritäten liegen.
Doch auch sonst kann man hinter den Favoriten Computer ein Fragezeichen setzen. Einmal der langen Vorlaufzeit wegen: Charles Babbage hatte das Konzept schon früh ersonnen, die seinen Tatendrang hemmenden technischen Probleme waren um 1900 gelöst. Dennoch dauerte es weitere drei Jahrzehnte, bis erneut Erfinder die Sache anpackten – und gedanklich wieder bei null begannen. Zweitens der gewaltigen Fehleinschätzungen wegen, als man endlich brauchbare Computer hatte und selbst Firmen wie IBM den Bedarf bei allenfalls einigen Dutzend Großrechnern weltweit vermuteten: Die Vorstellung, ein jeder von uns werde einmal solch ein Gerät in seiner Wohnung haben, war damals allenfalls das Hirngespinst einiger Fantasten. Heute ist es tatsächlich fast so weit, und die Personal Computer im – relativ gesehen – Miniformat übertreffen noch die Leistungen der damals zimmergroßen Rechenmaschinen.
Die entscheidende Erfindung auf dem Weg dahin war zweifellos der Transistor: John Bardeen und Walther Houser Brattain hatten 1947 den entscheidenden Effekt entdeckt und wenige Monate später zwei Transistortypen patentieren lassen, an deren Entwicklung auch William Shockley Anteil hatte. Dies erst leitete wirklich die elektronische Revolution ein, denn sie erlaubten Miniaturisierung und geringen Strombedarf. Als 1971 die ersten Chips auf den Markt kamen, waren Euphorie und Schock gleichermaßen groß.
Nun war es dank Mikroelektronik möglich, die Zentraleinheit eines Computers auf einem winzigen Chip zu integrieren. Sol-

che Mikroprozessoren drangen bald in viele Bereiche ein, von der Uhr bis zur Werkzeugmaschine, und veränderten fast alle Branchen derart grundlegend, dass viele Firmen bei dem rasanten technologischen Wandel auf der Strecke blieben. Gewiss nicht übertrieben ist die Aussage, unser Leben sei nun von immer kleineren und billigeren und nochmals leistungsfähigeren Chips getaktet, ohne dass wir viel davon merken.

Chiffren aus der Vergangenheit

Pflicht und Leidenschaft gehen nicht immer zusammen. Auch nicht bei Thomas Jefferson, der 1791 einen großen Seufzer zu Papier brachte: »Die Wissenschaft ist meine Passion«, bekannte er da nämlich und rief sich auch gleich selbst zur Ordnung, »die Politik meine Aufgabe.« Zu der Zeit war er gerade Außenminister der USA unter George Washington und hatte auch sonst schon kräftig an seinem politischen Nachruhm gearbeitet, vor allem natürlich durch die von ihm verfasste amerikanische Unabhängigkeitserklärung.

Als Forscher war er freilich ebenfalls aktiv und bescherte der Welt beispielsweise so nützliche Dinge wie einen Klappstuhl oder einen Pflug mit einer ausgeklügelten Pflugschar, welche die aufgerissene Grasnarbe besser aus der Furche heben sollte als die bislang üblichen Geräte. Allerdings hat die Welt den Erfinder Jefferson kaum im Gedächtnis behalten und auf diese Weise seinen Seufzer selbst im Nachhinein noch einmal bestätigt. Dabei war zumindest eine seiner Erfindungen offenbar so gut, dass man sie später gleich nochmal erfinden musste. Er hatte nämlich eine Chiffriermaschine entwickelt, die freilich kaum eingesetzt wurde. Diese Schlüsselwalze bestand aus 36 Scheiben, deren Kanten jeweils mit Buchstaben versehen waren. Diese Scheiben saßen allesamt hintereinander auf einem Stab und konnten, jede für sich und unabhängig von den anderen, um diese gemeinsame Achse gedreht werden. Auf diese Weise sind dann, abhängig von der jeweiligen Anordnung aller Scheiben, ganz unterschiedliche Chiffren einstellbar, die sich nur sehr schwer entschlüsseln lassen.

Obwohl so etwas die Militärs immer begeistern kann, baute die amerikanische Armee erst mehr als hundert Jahre später ein Kodiergerät mit der Bezeichnung »M-94«, das ab 1922 zum Einsatz kam. Die Botschaften verschlüsselte das Gerät mit einem Satz von Scheiben, die sich um eine Achse drehten. Das klingt doch sehr vertraut und bekannt. Doch die Chiffrierexperten der Armee haben nicht einfach heimlich, still und leise Jeffersons alte Erfindung nachgebaut und für etwas Neues ausgegeben. Erst nach Beendigung ihrer eigenen Arbeit stießen sie nämlich auf Jeffersons Aufzeichnungen. Sie hatten also die ganze Sache sozusagen noch einmal neu erfunden.

Geschliffene Idee allein reicht nicht

Das alte Wort »Hadern« erinnert Kundige daran, dass Papier früher einmal aus Lumpen hergestellt wurde. Als dann aber mit der industriellen Revolution der Papierbedarf sprunghaft stieg, avancierte die Suche nach einem Ersatzrohstoff zum drängenden Problem.

Auch der sächsische Tüftler Friedrich Gottlob Keller, im Hauptberuf Webermeister und Blattbinder, machte sich auf die Suche nach einem neuen Papiermaterial und fand es schließlich 1843, wobei er freilich kräftig abkupferte – bei der Natur selbst: Ein Wespennest brachte ihn auf die Idee, Papierfasern aus Holz zu gewinnen, da doch auch die Wespen mit Pflanzenfasern und Speichel einen papierähnlichen Baustoff zuwege bringen. Sein daran anschließender Versuch, mit einem Schleifstein und jeder Menge Wasser Holz zu einem Brei zu zerschleifen, brachte tatsächlich die erhoffte Lösung des Rohstoffproblems.

Aber noch lange keinen Erfolg, weder grundsätzlich noch für den Erfinder. Dieser stellte seine Idee – natürlich auf Holzpapier – 1846 der Papierfabrik Fischer in Bautzen vor. Deren technischer Direktor, Heinrich Voelter, erkannte sofort das Potenzial, welches darin steckte, und kaufte Keller sein Patent ab. Doch auch Voelter gelang es nicht, das Verfahren rasch in die Praxis zu überführen. 1847 kehrte er in seine schwäbische Heimat Heidenheim zurück.

So war es dann neben Voelter vor allem der Handwerker Johann Matthäus Voith, der die einfache Holzschleifmethode Kellers zu einem industriell verwertbaren Prozess der Papierherstellung weiterentwickelte. Im Jahre 1867 schließlich errang die in Heidenheim konstruierte Holzstoffmaschine eine Goldmedaille auf der Weltausstellung in Paris. Das wiederum war der Startschuss für die örtliche Papiermaschinenindustrie, die sich zu einem Weltunternehmen entwickelte. Und bis heute ist sie – trotz mancher Wechselfälle – noch immer mit dem Namen Voith verknüpft. Doch wer kennt noch Friedrich Gottlob Keller, dessen Name fast ebenso verschwunden ist wie das alte Wort Hadern für Lumpen, die er einst ersetzen wollte?

Viel Grips an den Vater verschwendet

Der Krieg sei der Vater aller Dinge? Fast möchte man es glauben, der vielen Erfinder wegen, welche sich mit dem blutigen Handwerk beschäftigten. Und es waren nicht die schlechtesten Köpfe, von Archimedes im 3. Jh. v. Chr. über Leonardo da Vinci im 15./16. Jh. bis Julius Robert Oppenheimer im 20. Jh., den »Vater der Atombombe«.

Aus hellenistischer Zeit ist nur wenig Schriftliches zu diesem Thema überliefert. Biton widmete sein Werk dem König Attalos I., der von 241 bis 197 v. Chr. in Pergamon herrschte, und schildert darin Katapulte wie auch Belagerungsgeräte, etwa die Sambuca, eine Art fahrbare Sturmleiter, und auch einen beweglichen Turm, den Poseidonios für Alexander baute. In der zweiten erhaltenen Abhandlung zeigt Philon von Byzanz im 3. Jh. v. Chr. in seiner systematischen Darstellung der Mechanik, wie wichtig die Militärtechnik geworden war.

Besonders interessant ist der Abschnitt über Katapulte, die erstmals im Zuge der Aufrüstung in Syrakus 399 v. Chr. erwähnt werden. An dieser Maschine lässt sich zeigen, wie zielgerichtet die Techniker nach den richtigen Abmessungen für die einzelnen Komponenten suchten, um die Geräte zugleich mit großer Reichweite und hoher Durchschlagskraft auszustatten. Denn in dieser Hinsicht gab es erhebliche Defizite, ohne dass die Ursache bekannt gewesen wäre. Philon sah die Lösung in einer richtigen Maßeinheit, die zu bestimmen sei und beim Bau allen Teilen des Katapults als Grundlage dienen sollte. Dabei berief er sich auf den Bildhauer Polyklet, der ein

Werk über die arithmetische Darstellung der Proportionen des Menschen verfasst hatte. Das alles erinnert doch stark an manche Werke und Methoden des Jahrhunderte später lebenden Leonardo da Vinci.

Die Lösung schließlich – mit dem Durchmesser der Spanneröffnung als Maß für alle Teile lassen sich Katapulte beliebiger Größe ganz exakt konstruieren – fanden Tüftler in Alexandria. Das eigentlich Interessante dabei: Die Ptolemäer förderten hierfür umfangreiche Experimente, und für Philon waren die zahlreichen Versuche – getreu der Methode von Versuch und Irrtum – der Schlüssel zum Erfolg. Das klingt nun wirklich sehr modern. Dies weniger wegen der schrittweisen Annäherung an das Problem, sondern weil die politisch herrschende Klasse Technik als wichtig erkennt und sogar so etwas wie eine frühe Form der Innovationsförderung betreibt.

Erfindung sucht Anwendung

Superlative sind natürlich wohlfeil in einer Zeit, die den Komparativ nicht mehr zu kennen scheint. Schon allein deshalb ist die Frage nach der Technologie der Zukunft nicht leicht zu beantworten. Tut doch jeder Erfinder gut daran, seine Schöpfung im Wettbewerb der Meinungen günstig zu positionieren.

Trotzdem ist es natürlich einen Versuch wert, Konturen der Zukunft zu skizzieren: Nach dem Jahrhundert des Elektrons wird nun das Jahrhundert des Photons folgen, sagt zumindest das Lager der Laserentwickler. Das mag durchaus realistisch sein, denn die vielen Möglichkeiten einer technischen Nutzung von Lichtteilchen setzen sich erst langsam in unserem Bewusstsein fest. Tatsächlich spotteten viele, als um 1960 die ersten Laser der Öffentlichkeit vorgestellt wurden, das sei eine Erfindung auf der Suche nach Anwendungen. Solche Sprüche erweisen sich des Öfteren als Bumerang: Mittlerweile haben die Laser in vielen Bereichen – von der Medizin über den Maschinenbau bis zur Telekommunikation – die früher etablierten Verfahren verdrängt.

Doch werden auch die Laserenthusiasten kaum Widerspruch anmelden gegen die zweite Prognose, jetzt komme das Genzeitalter. Seit 1973 weiß die Menschheit, wie man gezielt Gene in fremde Chromosomen einbauen kann. Damit lassen sich nicht nur körpereigene menschliche Wirkstoffe als Arzneimittel herstellen, es eröffnet auch der Züchtung von Nutzpflanzen ganz neue Perspektiven. Da man heute zudem in der Lage ist, die Erbsubstanz von Lebewesen (den Menschen eingeschlossen) komplett zu entschlüsseln, steckt man zugleich in einem neuen Dilemma: Die Kenntnis dieser Baupläne weckt nämlich kaum noch verhohlene Begierden, den Menschen gewissermaßen auf naturwissenschaftlicher Basis zu verbessern.

Zucker, Nylon, Dynamit

Im Labor geboren

Vermutlich stolperte der Mensch durch Zufall ins Metallzeitalter. Vielleicht gerieten ihm absichtslos bunte »Steinchen« ins Feuer, und Stunden später fand er in der Asche metallisch glänzende Kügelchen. So jedenfalls könnte er die Natur von Kupfererzen erkannt und sich dann langsam von der Steinzeit verabschiedet haben. Heutzutage bedient sich der Mensch auf der Suche nach neuen Wirkstoffen weitgehend automatisch arbeitender chemischer Reaktoren. Der Erfindergeist ist damit freilich nicht ad acta gelegt. Denn vor der Automatik steht ein Wille, der die Richtung weist. Und wehe dem, der vor den Möglichkeiten neuer Stoffe und Verfahren die Augen verschließt!

Stahlharte Dynastien

Was die Krupps in Essen waren, waren die Darbys jenseits des Ärmelkanals. Über drei Generationen hinweg gaben sie der Entwicklung des Stahls mit epochalen Erfindungen entscheidende Impulse. Die Lebensdaten der Darbys – sie wurden lediglich zwischen 41 und 52 Jahre alt – legen freilich den Verdacht nahe, dass nicht alt wird, wer sich auf den Stahl einlässt, ein Verdacht, den auch die Geschichte der Dynastie Krupp nähren könnte.

Alles begann mit Abraham Darby I, der in seiner Metallgießerei die 1708 patentierte Sandformerei entwickelte; kurz danach begann er in einem hinzugepachteten Hüttenwerk, der damals in der Stahlerzeugung üblichen Holzkohle immer größere Mengen Steinkohle zuzusetzen, bis diese schließlich der Hauptbrennstoff war.

Auf den Gedanken war zuvor zwar im 17. Jh. schon der Engländer Dud Dudley gekommen. Doch erst die Dynastie Darby leitete auf diesem Weg konsequent die Massenproduktion von Eisen ein. Anstoß war ursprünglich der zunehmende Mangel an Holz, der einst schon im mittelalterlichen Erzbergbau ein Problem gewesen war. Steinkohle ist allerdings kein idealer Brennstoff für den Hochofenprozess. Daher begann Darby I mit verschwelter Steinkohle zu experimentieren. Doch erst sein Sohn, Abraham Darby II, führte diese Versuche schließlich zum Erfolg. Eisen allein mit Koks zu erschmelzen soll ihm 1735 gelungen sein. Schon mit 18 Jahren übernahm sein Sohn Abraham Darby III das Hüttenwerk und machte es für Jahrzehnte zum wichtigsten Betrieb der Eisenindustrie.

Um ein Gefühl für die Dimensionen dieses Werks zu bekommen, muss man sich folgendes Panorama vor Augen halten: Um die acht Hochöfen wand sich ein 30 Kilometer langes Schienennetz für den Werksverkehr. Weithin bekannt wurde die Gegend auch durch den Bau einer heute noch erhaltenen Eisenbrücke bei Coalbrookdale (1777–79), welche mit einem Bogen von über 30 Metern Spannweite das Flüsschen Severn überwand, weltweit eine Pionierleistung der Eisenarchitektur.

Little bloc

Bezogen auf die Firma und den Mannesstamm, waren die Krupps nach drei Generationen eigentlich am Ende. Nach der testamentarisch verfügten Tradition musste Tochter Bertha in die Pflicht, was Kaiser Wilhelm II. bewogen hatte, dem ihr zugeteilten Mann Gustav das Recht auf den Namen seiner Frau zu gewähren. Der nannte sich nun Krupp von Bohlen und Halbach, der Name Krupp durfte mit der Firma jeweils an den ältesten Sohn der folgenden Generation weitergegeben werden: Die Fortführung der Essener Dynastie war gerettet.

Gegründet wurde die Fabrik »zur Erzeugung von englischem Gussstahl und aller daraus hergestellten Waren« bereits 1811 von Friedrich Krupp, den dieser Werkstoff, dessen Geheimnis er lüften wollte, bis zur Besessenheit faszinierte. Als Kompagnons erboten sich zwei Brüder von Kechel zu Kechlau, die einschlägige Erfahrung vorgaben, was aber wohl nicht der Wahrheit entsprach. Zumindest jagte Krupp sie drei Jahre später fort, ihr Schicksal verliert sich im Dunkel der Geschichte.

Nur kurze Zeit danach war auch Krupp selbst am Ende. Als er starb, beugte sich Sohn Alfred Krupp mit 14 Jahren unters Joch. Ihm war vergönnt, was seinem Vater versagt geblieben war, und bald beherrschte er meisterhaft alle Tricks im Umgang mit dem Gussstahl. Aber er wollte noch weiterkommen und setzte dafür auch ungewöhnliche Mittel ein. So reiste er ins englische Sheffield, das nach wie vor das Zentrum der Stahlschmelzer war, und betrieb dort unter dem Tarnnamen A. Crup Industriespionage.

Dabei war er doch selbst weitblickend und erfinderisch: Nach Essen zurückgekehrt, stellte er seine Produktpalette von Löffeln und Prägestempeln auf die zukunftsträchtige Fabrikation von Eisenbahnachsen und -reifen um. Krupp entwickelte aus einem Stück geschmiedete Radkränze, die, in Dreizahl ineinander verschlungen, auch zum Firmenlogo wurden. Um seine Schienen riss man sich selbst in Amerika. Und damit nicht genug: In der Hinterhand hielt er bereits Entwürfe für Schiffsschrauben und Kurbelwellen: Des Nachts experimentierte er zudem eigenhändig schon mit dem Produkt, für das der Name Krupp später einmal stehen sollte: Kanonen. Ihm war es über-

dies als Erstem gelungen, große Gussstahlblöcke herzustellen. Auf der Weltausstellung 1851 in London stahl Krupp ausgerechnet der englischen Konkurrenz die Schau mit einem Stück, das zwanzigmal schwerer war als deren Exponat: In kleinen Buchstaben war darauf »Little bloc« zu lesen.
Sohn Friedrich Alfred Krupp schließlich übernahm ein riesiges Unternehmen und machte es noch größer, mit schlagkräftigen Kanonen etwa, gegen die er harte Stahlplatten entwickelte, und dagegen wiederum noch bessere Kanonen. Andere Erfinder kamen mit ihren Ideen um Geld zu ihm, so zum Beispiel der Schwede Alfred Nobel mit dem schon lange patentierten Dynamit. Dieses empfand Krupp sogleich als passende Ergänzung für ein anderes Lizenzangebot: das Maschinengewehr des Tüftlers Hiram Maxim.

Visionär und Stehaufmännchen

Laute Töne schlug Thomas Alva Edison an, als er bei einer über seinen Kopf hinweg unternommenen Fusion fast allen Einfluss in seinem Firmenimperium verlor. Wütend wollte er an die glorreichen Tage des Zauberers von Menlo Park anknüpfen: Er werde etwas ganz anderes machen, tönte er trotzig, viel bedeutender als alles bisher Gewesene, und das werde sogar die enge Verknüpfung seines Namens mit der Elektrizität vergessen lassen.
Mit fliegenden Fahnen stürzte Edison sich in das Abenteuer Eisen und Stahl, damals zwar schon kein Neuland mehr, doch eine Schlüsselbranche (auch vor dem Hintergrund betrachtet, dass Ängste durch Gerüchte geschürt wurden, Erze mit hohem Eisengehalt gingen bald zur Neige). Edison steckte sein gesamtes Vermögen in den Erzabbau bei Ogdensburg, entwickelte Maschinen und Verfahren für die Aufbereitung des pulvrigen Eisenoxids und verbrachte wegen der beträchtlichen Probleme, mit denen er konfrontiert wurde, Tag und Nacht in der Einöde seines Bergwerks. Seine Frau, in puncto Alleinsein Kummer gewöhnt, schickte ihm zu Weihnachten 1898 eine Torte – in Form seines Bergwerks. Als jedoch in Minnesota die reichsten Eisenvorkommen der Welt entdeckt wurden, stand Edison wieder einmal vor dem Bankrott.

Doch blieb ihm offenbar genügend Geld übrig, um sich mit seinen Maschinen gleich einem anderen Stoff zuzuwenden, der damals zum Sprung in eine große Zukunft ansetzte: dem Zement. Deshalb gründete er die Edison Portland Cement Company. Neue Erfindungen folgten prompt: Gegen alle Vorhersagen von Bauexperten entwickelte er die alsbald patentierte flüssige Betonmischung und goss damit Fertighäuser in Stahlbeton. Doch damit nicht genug! Ein wie großer Visionär Edison war, zeigen die Prognosen, die er bereits einige Jahre zuvor dem Schriftsteller George Parsons Lathrop gab: Sein Ausblick auf die Technik des Jahrzehnts zwischen 1940 und 1950 ist erstaunlich, vor allem die chemische Synthese und die Biochemie betreffend. Künstliche Diamanten sagte er ebenso vorher wie neuartige Kunststoffe und die industrielle Erzeugung von Proteinen zur Ernährung. Man bedenke, diese treffsichere Analyse datiert von 1890!

Ein Preis mit Sprengkraft

Zwar hatte es im Bergbau schon im 17. Jh. Sprengversuche gegeben, doch das Risiko für Leib und Leben war mit den damals verfügbaren Mitteln hoch. Durch die 1833 erfundene Zündschnur wurde es verringert und erst recht durch die zwischen 1844 und 1867 entwickelte elektrische Zündung. Den Durchbruch aber brachte das Dynamit, erfunden 1867 vom schwedischen Chemiker Alfred Nobel. Es verdrängte die vorher gebräuchlichen Sprengstoffe rasch: So verkürzte es beispielsweise beim Tunnelvortrieb die Bauzeiten erheblich. Kurze Zeit später ließ Nobel Sprengkapseln und Sprenggelatine (1875) folgen, wie er überhaupt zahlreiche Patente für Explosives erhielt.

Mit seinen nicht gerade friedlich genutzten Erfindungen machte er ein Vermögen, ihre kriegerische Nutzung scheint ihm jedoch Kummer bereitet zu haben. Jedenfalls erinnert sich Bertha von Suttner, mit der er eine lange Korrespondenz pflegte, in ihren Memoiren seiner Sorge wegen der militärischen Ausbeutung seiner Erfindungen: »Ich möchte einen Stoff oder eine Maschine schaffen können, von so fürchterlicher, massenhaft verheerender Wirkung, dass dadurch Kriege überhaupt unmöglich würden.« Eine Denkweise also, die im 20. Jh. zum Gleichgewicht des Schreckens führte. Sein Vermögen hinterließ er einer Stiftung, die daraus seit 1901 die Nobelpreise finanziert. Dem Frieden brachte er die Welt damit nicht näher, schon bald machte der Erste Weltkrieg, der erste furchtbare Waffengang industrialisierter Kriegführung, alle seine Hoffnungen zunichte.

Feuer frei!

Erfunden hat Europa das Schießpulver zwar nicht. Die explosive Wirkung, die ein Gemenge aus Salpeter, Schwefel und Holzkohle entfaltet, war zuerst chinesischen Alchimisten aufgefallen. Wann das war, wissen wir nicht, aber spätestens seit etwa 850 ist das Schießpulver bekannt. Die Araber übernahmen das brisante Produkt und lieferten ihrerseits im 13. Jh. verschiedene Pulverrezepte in den Mittelmeerraum.
Diese verwendend, entwickelten die Europäer sofort Feuerwaffen: Die älteste findet man in einer englischen Handschrift von 1326 abgebildet. Rasch verbreiteten sich die neuen Büchsen und Schießröhren in ganz Europa. Der ebenfalls im 13. Jh. entwickelten Kanone – das Wort kommt vom lateinischen *canna* für Rohr – waren mittelalterliche Burgen nicht mehr gewachsen, sie veränderte daher sowohl den Wehrbau als auch die Kriegführung völlig.

Plaste gehen in die Luft

Auch die alten Chinesen führten Kriege. Aber ihre Erfindung Schießpulver nutzten sie vorwiegend friedlich: zum Feuerwerk. Bis heute ein vergnügliches Ereignis, bietet es noch immer Platz für Neuerungen. Das gilt nicht allein für Produkte wie Kombinations- und Batteriefeuerwerke, die mit den etablierten Knallfröschen und Fontänen konkurrieren. Die pyrotechnische Industrie erfindet auch neue Stoffkombinationen, um die Knallkörper – und deren Produktion – sicherer zu machen. So ersetzt man empfindliche Chlorate in bunten bengalischen Feuern durch stabilere Perchlorate. Metallpulver und Legierungen wie Magnesium-Aluminium lassen Sterne in kurzen Intervallen aufblitzen. Sogar Polymere haben Eingang in die Pyrotechnik gefunden. Kunststoffe bringen manche Effekte besser zur Geltung, und sie erlauben es, die Produktion der Feuerwerkskörper zu automatisieren.

In den Klauen der Goldmacher

Die Dummen sterben niemals aus, sagen nüchterne Zeitgenossen. Doch schwärmerisch veranlagte Naturen mögen selbst heute die Suche nach dem Stein der Weisen noch nicht ganz verloren geben. Haben sich schließlich nicht sogar manche Größen der Wissenschaft ausgiebig mit esoterischen Geheimlehren beschäftigt und dabei noch wichtige Erfindungen gemacht? Gewiss, diese befruchtende Auseinandersetzung gab es. Häufiger aber kam es vor, dass wieder einmal ein Mächtiger Schwindlern aufgesessen ist.

Zu einem gewissen Rekord in dieser Kunst brachte es der württembergische Herzog Friedrich I., angespornt vielleicht durch den desolaten Zustand der Kassen seines Landes. Jedenfalls hoffte er allen Ernstes, mit dem Stein der Weisen aus schnödem Eisen Gold machen zu können. Dabei scheint er ein gescheiter Zeitgenosse gewesen zu sein. Aber bei der Suche nach immer neuen Geldquellen zur Finanzierung seiner Ziele – neben großer Hofhaltung und Prachtbauten auch der Umbau von Gewerbe und Infrastruktur seiner Ländereien – reichte die systematische Prospektion auf Bodenschätze nach herkömmlicher Art nicht hin.

So verfiel er ein ums andere Mal auf Alchimisten, wurde getäuscht und richtete sogleich dem nächsten »Wundertäter« ein Laboratorium ein, dem es an nichts mangelte. Vierzehn Abenteurer und Betrüger gaben einander die Klinke in die Hand. Vielen glückte noch die Flucht, bevor der Herzog Lunte gerochen hatte. Doch einige landeten am Galgen. Übrigens experimentierte Friedrich selbst ebenfalls fleißig, schließlich galt es, neben dem Gold auch Salpeter für Schießpulver herzustellen und sonst allerlei wundersame Verfahren zu entwickeln, etwa zur Herstellung von Wundermedizin.

Das kam den Chemikern arabisch vor

Trotz aller Betrüger, Goldmacher und Scharlatane ist die Bilanz der Alchimie gar nicht so schlecht. Denn sie wurzelt in handwerklicher Tradition und hinterließ der Chemie manche nützliche Erfindung und brauchbares Wissen.

Der Ägypter Bolos von Mendes soll 200 v. Chr. die ältesten alchimistischen Texte geschrieben haben, eine Art Handbuch der Färberei, das genaue Anleitungen zum Vergolden und Färben von Metall, Stein und Stoff versammelt. Als erster veritabler Alchimist trat aber erst Zosimos von Panopolis um 300 in Alexandria auf. Etwa ab 700 begann die Zeit der arabischen Großmeister, die viele griechische Texte übersetzten, und ab dem 11. Jh. fand das Wissen den Weg ins Abendland – durch die Übersetzerschulen Spaniens und Siziliens. Deshalb auch die vielen arabischen Namen für chemische Stoffe und Geräte in unserer Sprache, etwa Alraun, Alkali und Antimon.

Die Alchimie erfand nicht nur neue Techniken, sie entwickelte sich damals in Richtung einer quantitativen Beschreibung der Natur. Als sich dann im 17. Jh. die Chemie als exakte Wissenschaft zu emanzipieren begann, konnte sie jedenfalls auf praktisches Laborwissen aufbauen. Ansonsten aber standen belegbare Fakten und wilde Spekulation noch länger nebeneinander.

Sieht man die Geschichte der Erfindungen unter dem Aspekt öffentlicher Aufmerksamkeit, dann stellt sich die Weltausstellung von 1873 im Wiener Prater als spektakuläres Massendebüt der Chemie dar. Der hektische Gründertaumel im 1871 nach dem Deutsch-Französischen Krieg proklamierten Deutschen Reich, kräftig angeheizt durch die vom Kriegsverlierer Frankreich bezahlten fünf Milliarden Goldfranken Reparation, brachte mehr als tausend neue Aktiengesellschaften hervor, die meisten in der chemischen Industrie. Sie zeigten nun stolz ihre Produkte, während bei früheren Weltausstellungen die Schwerindustrie unangefochten den Ton angegeben hatte.

Süßes aus der Rübe gelockt

Süßes war auch früher beliebt, doch nicht so massenhaft verfügbar wie heute. Heimisches Süßmittel war Honig, denn

Zuckerrohr gedeiht in unseren Breiten nicht. Wohl aber Rüben, denen der deutsche Physiker und Chemiker Franz Carl Achard ihr Geheimnis entlockte! Nachdem er ein industrielles Verfahren entwickelt hatte, wie man der Rübe den Zucker entzieht, gründete er 1801 im schlesischen Kunern die erste Zuckerfabrik. Bei diesem Verfahren werden die gehackten Rübenschnitzel in 70 °C warmem Wasser ausgelaugt, der zuckerhaltige Saft wird dann mit Kalkmilch aus gebranntem Kalk und Kohlensäure behandelt. Dabei fallen die nicht zuckerhaltigen Stoffe aus, der verbleibende Zuckersaft ist nun mit 15 Prozent Zucker angereichert. Dampft man ihn ein, entsteht ein Gemisch aus Zuckerkristallen und dunklem Sirup, die Melasse, welche sich mit einer Zentrifuge abtrennen lässt. Die Zuckerkristalle werden nun noch mit Wasser und Dampf gewaschen, bevor sie als weiße Raffinade Kaffee, Tee und Speisen versüßen

Findiger als der Erfinder

Jeder Bauer weiß es, und das schon seit der neolithischen Revolution: Die Erträge eines Ackers, den man immer und immer wieder bestellt, beginnen rasch zu sinken, wenn man nichts dagegen tut. Aus dem Grund erfand der Mensch sehr früh den Wanderfeldbau und die Brandrodung. Doch das Prinzip, alte Flächen liegen zu lassen und neue zu bestellen, funktioniert nur bei geringer Siedlungsdichte. Eine andere Möglichkeit sind Fruchtfolge und Düngung. Hier waren schon die alten Römer erfinderisch, was man noch heute detailliert nachlesen kann, da sie die Landwirtschaft in ihren Schriften häufig thematisierten.
Warum genau allerdings Böden verarmen, das erkannte erst Justus von Liebig um 1840: weil die Pflanzen dem Boden Mineralstoffe entziehen. Ersetzt man sie, steigert sich das Wachstum der Pflanzen wieder. Konsequenz dieser Erkenntnis war die Erfindung der Mineraldüngung. Die Entwicklung geeigneter Düngemittel half seither, die Erträge beträchtlich zu steigern. Weil allerdings Bauern manchmal sprichwörtlich schlau sein und besonders dicke Kartoffeln ernten wollen, werfen sie gelegentlich zu viel Kunstdünger auf die Äcker, was zur Folge hat,

dass es heute in vielen Gegenden Probleme mit dem Grundwasser gibt, in das durch Düngung zu viel Nitrat gelangte.

Wie man Bauern Luft verkauft

Gegen Ende des 19. Jh. war der Verbrauch von Dünger so stark angestiegen, dass es zu Engpässen kam. Zwar lieferten die heimischen Quellen genügend Kalisalz und Phosphatdünger, doch Sorgen bereitete die Deckung des Bedarfs an Stickstoffdünger. Aus diesem Grund wurden seit den 1890er-Jahren große Anstrengungen unternommen, solchen Dünger aus Stickstoff herzustellen, den man aus der Luft gewann.
Drei solche Verfahren gelangten bis zum Ausbruch des Ersten Weltkriegs zur industriellen Reife. Durchgesetzt hat sich schließlich das Haber-Bosch-Verfahren, das bis heute das wichtigste Verfahren zur Produktion von Stickstoffdünger geblieben ist. Zwar schaffte es Fritz Haber schon 1909, Ammoniak aus Wasserstoff und Luftstickstoff zu synthetisieren. Die Reaktion läuft aber nur bei hohen Drücken und Temperaturen ab, was große technische Probleme mit sich brachte. Diese konnte Carl Bosch, ein begabter Konstrukteur und sicherer Kenner des Verhaltens von Werkstoffen, in der Folge lösen. Als das Verfahren freilich seine industrielle Reife erreicht hatte, 1913, wurde damit gar kein Dünger hergestellt, sondern Sprengstoff für die Schlachtfelder des Ersten Weltkriegs.

Wer zu spät kommt, den bestraft Solvay

Soda wurde früher vor allem von den Seifensiedern gebraucht; außerdem diente es zum Bleichen und war wichtigster Grundstoff der Glasindustrie. Ursprünglich gewann man Soda als Pottasche aus Holz oder als Barilla und Kelp aus Wasserpflanzen. Die Wende kam mit Nicolas Leblanc, der sich 1791 in Frankreich ein Verfahren patentieren ließ, mit dem er aus Salz, Schwefelsäure, Kalk und Kohle das begehrte Soda herstellen konnte. Dieses Sodaverfahren hielt im sich stürmisch industrialisierenden England zunächst nur langsam Einzug – nicht zuletzt der hohen Salzsteuer wegen, die durch die billige Kohle und Schwefelsäure nicht wettgemacht werden konnte.

Nach und nach aber etablierte sich diese Methode in ganz Europa als Rückgrat der entstehenden chemischen Industrie. England verpasste jedoch regelrecht den Anschluss, weil dort lediglich Korrekturen am einst innovativen Leblanc-Verfahren vorgenommen wurden. Auf eine inzwischen verfügbare bessere Methode stellten sich die Engländer nämlich nicht ein: das 1861 vom belgischen Chemiker Ernest Solvay erfundene Verfahren, welches das im Gaswasser enthaltene Ammoniak als Ausgangsstoff zur Herstellung von Soda nutzt. Dieses Zögern der englischen Chemieindustrie – warum dort investieren, wo die Rendite (noch) stimmt? – war letztlich der Grund dafür, dass die einst viel fortgeschrittenere Chemieindustrie auf der Insel ihre führende Rolle an Deutschland abgeben musste.

Glasklarer Blick

Lernte die Menschheit neue Materialien beherrschen, so standen praktischer Nutzen und einfache Freude am Schönen oft eng nebeneinander. Beim Glas etwa (wie übrigens auch beim Kupfer), das ab dem 3. Jahrtausend v. Chr. in Ägypten und Mesopotamien bekannt war, sind die ältesten Funde Schmuckteile. Die Fertigungstechnik war damals aber noch sehr roh: Im Glasfluss bildete sich eine von Luftblasen durchsetzte, völlig undurchsichtige Masse. Ganze Gefäße aus Glas tauchten erst um 1500 v. Chr. in Ägypten auf: In Tut-ench-Amuns Zeiten gab es als große Seltenheit auch durchsichtiges Glas.

Zu großer Blüte fand die Glaskunst dann seit dem 8. Jh. v. Chr. in Assyrien und Persien, wo man dickes Glas mit Schnitt und Schliff versah. Die Glasbläserei erfanden vermutlich syrische Handwerker im 1. Jh. v. Chr. an der Küste bei Sidon, damals ein Zentrum der Produktion. Für die Phöniker war Glas ein wichtiges Handelsgut und kam schon früh auch in unsere Gegend. Erste Produktionsstätten errichteten dann die Römer, berühmte Werkstätten gab es unter anderem in Köln.

Eine ganz neue Karriere startete das Glas mit dem Aufstieg der chemischen Industrie, in der alle Variationen des Materials – vom einfachen Reagenzglas bis hin zu hochkomplizierten Reaktionsgefäßen – benötigt wurden. Es gibt vermutlich keine chemische Substanz, die während ihres Lebenszyklus nicht auch einmal durch Glasgefäße ging. So spielt dieser alte Werkstoff Glas auch in Zeiten der Metalle und Polymere noch eine bedeutende Rolle, wie zum Beispiel der Bedarf an Spezialgläsern mit eigens entwickelten Stoffeigenschaften zeigt, vom Massenmarkt billiger Zier- und Trinkgefäße ganz zu schweigen.

Die Scheibe zieht den Vorhang zu

Lichtes Bauen mit Glas hat seine Reize. Aber an prächtigen Sonnentagen vergeht den Bewohnern manchmal die Freude. Es sei denn, die Scheiben halten die Hitze vor dem Fenster. Dies lässt sich beispielsweise mit Gießharzscheiben erreichen, in denen Glas und Kunststoff zu einem intelligenten Verbund zusammengeschlossen sind. Dazu gießt man eine Masse zwischen zwei Glasscheiben, die unter ultravioletter Strahlung aushärtet. Diese Polymerschicht zieht ab einer bestimmten Temperatur, die sich bei der Produktion des Fensters einstellen lässt, sozusagen den Vorhang zu: Im Polymer eingelagerte Kristalle verändern ihre Struktur, die zuvor durchsichtige Scheibe wird trüb und verringert dadurch ein weiteres Aufheizen des Hausinneren. Erst wenn die Temperatur genügend absinkt, gestattet sie wieder den vollen Durchblick.

Technologisches Duett

Was heute nur noch Spezialisten wissen: 90 Prozent der motorisierten Fahrzeuge im New York des Jahres 1899 fuhren mit Elektromotoren, die Energie lieferten Bleiakkumulatoren. Diese waren allerdings schwere, unpraktische, monströse Gebilde. Thomas Alva Edison suchte daher nach einer Batterie, die leichter war und möglichst auch noch mehr Energie speichern konnte. Dem späteren Autokönig Henry Ford gab er einen weitsichtigen Tip: Kohlenwasserstoff als Energiequelle zu nehmen, also Benzinautos mit einem Verbrennungsmotor zu bauen.
Zu jener Zeit arbeitete Ford als Chefingenieur im Elektrizitätswerk der Detroiter Edison Company. Er war ein glühender Verehrer seines großen Vorbilds Edison, dem er für diesen Rat

sein Leben lang dankbar war. Seine erste Autofabrik, Keimzelle des späteren Imperiums, gründete er 1899. Die Welt machte sich auf ins Ölzeitalter.

Edison aber blieb bei seinem Weg: Er suchte nach Stoffen für bessere Batterien. In der ihm eigenen, nicht immer sehr systematischen Arbeitsweise, die ihm gleichermaßen Bewunderung und Spott einbrachte, fand er in endlosen Versuchsreihen Nickelhydroxid. Glaubhaften Berichte zufolge schlief Edison während solcher Experimentiermarathons auf einem Labortisch und deckte sich mit Büchern zu. Es ist charakteristisch für seine zupackende Art, dass er mit dem Ergebnis in Händen gleich ergiebige Nickellagerstätten suchte und eine Batteriefabrik baute. Mit der ihm ebenfalls eigenen Begabung für das Marketing brachte er die neu entwickelte Batterie unters begierige Volk. Doch trotz der vielen Tests war das Produkt nicht gut genug, Edison stellte die Produktion ein, und eine weitere seiner Unternehmungen war finanziell am Ende. Mit eigenem Kapital, etwa aus seinen Erfindungen zum Film, trieb er seiner Batterie in langwierigen Mühen zwar die meisten Kinderkrankheiten aus, ein richtiger Erfolg wurde sie dennoch nie.

Trotzdem zeigt die Geschichte in doppelter Weise Edisons Weitblick: Zum einen hatte er den Erfolg des Benzinautos vorhergesehen, zum anderen mit dem Elektroauto gleichzeitig ein Prinzip weiterverfolgt, das noch immer aktuell ist. Nach langen Jahren Arbeit vieler Namenloser in etlichen Entwicklungslabors stehen elektrochemisch betriebene Autos nun vielleicht doch vor dem Sprung in den Alltag. Was aber selbst Edison nicht wusste: Die heute verwendete Brennstoffzelle war zu jener Zeit schon lange bekannt. Das ihr zugrunde liegende Prinzip hatte bereits 1839 der englische Naturwissenschaftler William Grove beschrieben, was aber offenbar damals niemanden interessierte – mit Ausnahme einer Person, die ebenfalls als treffsicherer Prognostiker mit großem Weitblick gerühmt wird: Jules Verne dachte 1874 für seinen Roman »Die geheimnisvolle Insel« in die gleiche Richtung, als er Wasserstoff und Sauerstoff als die unerschöpflichen Energiequellen der Zukunft verhieß.

Ein Colonel findet den richtigen Dreh

Die Ölzeit beginnt mit Colonel Drake. So will es die Legende, und nicht mehr als eine Legende ist es auch. Denn weder bohrte er als Erster nach Erdöl noch begann mit ihm die Ölnutzung. Als Edwin Laurentine Drake seine Bohrung 1859 in Pennsylvania begann, wurde in der Lüneburger Heide bereits seit zwei Jahren erfolgreich nach Öl gebohrt. Verarbeitet hat man Erdöl ebenfalls schon vor Drake in Russland und im Elsass. Richtig immerhin ist, dass die Ölgewinnung in Titusville völlig neue Dimensionen annahm. Drake selbst hatte als Verkäufer und Zugschaffner gearbeitet, bevor ihm die Idee zum Ölbohren kam. Dazu verwendete er eine Dampfmaschine und stieß in 22 Meter Tiefe auf Öl. Sein Bohrloch lieferte etwa 4500 Liter Öl am Tag und löste ein wahres Ölfieber aus. Schon ein Jahr später sprudelten in Pennsylvania rund 2000 Bohrlöcher.
In enger Verbindung zum Erdöl steht ein zweiter Stoff, den die Automobile unserer Welt benötigen: Asphalt, eine Mischung aus Bitumen und mineralischen Bestandteilen. Bitumen aber fällt bei der Destillation von Erdöl an; es bleibt zurück, wenn alle anderen begehrten Fraktionen abgezogen wurden. Bereits im Jahr 1854 kam jemand erstmals auf die Idee, Asphalt als Belag für Straßen zu verwenden. Übrigens kommt Asphalt an einigen Stellen der Erde natürlich vor, entstanden durch Verdunsten der leichtflüchtigen sowie durch Oxidation und Polymerisation der schwerflüchtigen Bestandteile des Erdöls: Auf Trinidad etwa gibt es einen zähflüssigen Asphaltsee, der zu je einem Drittel aus Bitumen, Wasser und feinsten Mineralteilchen besteht.

Malvenblüten inspirieren einen Chemiker

Durch Zufall stieß William Henry Perkin auf einen violetten Farbstoff. Eigentlich suchte er nach einem Verfahren, Chinin künstlich herzustellen, als er 1856 aus Anilin das Mauvein synthetisierte. Den Namen wählte er vermutlich, weil ihn der Farbton an Malvenblüten erinnerte. Jedenfalls begann er umgehend, in einer kleinen Fabrik Mauvein zu produzieren und mit großem Erfolg an Seidenwebereien zu verkaufen.

Die Zufallserfindung markiert den Beginn eines neuen Industriezweiges, denn besonders in Deutschland nahm die Teerfarbenchemie einen gewaltigen Aufschwung und wurde zum Schrittmacher der chemischen Großindustrie überhaupt.
Man kann diese Geschichte übrigens auch als ein frühes Beispiel des Wissenstransfers über Grenzen hinweg sehen. Denn als Perkin in London die Synthese des Mauveins gelang, war er gerade Schüler des deutschen Chemikers August Wilhelm von Hofmann. Seine Entdeckung löste überall eine hektische Suche nach weiteren synthetischen Farbstoffen aus. Es war schließlich das rote Fuchsin, das von vielen Firmen in England, Frankreich und Deutschland als erster synthetischer Farbstoff im industriellen Maßstab hergestellt wurde.

Mehr als nur Schmiere

Dass er ein Mittel gefunden hat, das einmal die Anschlussklemmen von Autobatterien gegen Rost schützen könnte, dachte der Chemiker Robert August Chesebrough 1859 sicher nicht. Ansonsten traute er seiner Erfindung später aber eigentlich alles zu. Damals sah er schwere Zeiten auf seine kleine Raffinerie in New York zukommen, hatten doch die eben entdeckten Ölquellen in Pennsylvania einen regelrechten Ölrausch hervorgerufen. Er suchte daher nach einer Nische, die ihm neben den großen Raffinerien das Überleben sichern sollte. Und er sollte sie finden.
Auf den Ölfeldern klagten die Arbeiter über »rod wax«, eine wachsartige Schmiere, die sich als Rückstand auf den Ölpumpen ablagerte. Gleichzeitig wussten sie jedoch auch deren heilende Wirkung zu loben. Während der nächsten elf Jahre versuchte nun Chesebrough, dem Geheimnis dieser Substanz auf die Spur zu kommen. Er scheute dabei auch vor Selbstversuchen mit Schnitt- und Brandwunden nicht zurück, die er sich absichtlich zufügte. Endlich, im Jahr 1870, hatte er die richtige Salbe gefunden und nannte sie Vaseline. Tatsächlich war er auf eine Marktlücke gestoßen. Für den Verkauf erwies es sich zudem als hilfreich, dass Admiral Robert Peary den Balsam auf seine Arktisexpedition mitnahm. Doch auch sonst waren die Möglichkeiten schier unerschöpflich: Baseballhandschuhe

ließen sich mit Vaseline weich machen, Batterieklemmen ließen sich schützen und sogar Fische ködern. Chesebrough selbst ging noch weiter und nahm die letzten 35 Jahre seines Lebens täglich einen Löffel Vaseline zu sich. Immerhin war er 97 Jahre alt, als er 1933 starb. Aber wer weiß, vielleicht hätte er ohne diese Selbstmedikation ja die Hundert erreicht?

Plastik statt Elfenbein

10000 Dollar lobte ein amerikanischer Hersteller von Billardkugeln, dem das Elfenbein knapp wurde, einst als Preisgeld für den aus, der ihm einen Ersatzstoff beschaffe. Der Gewinner hieß John Wesley Hyatt und war ein Drucker aus Albany bei New York. Er nannte den siegreichen Stoff Zelluloid und ließ ihn 1872 als Handelsmarke registrieren. Erfunden hat er ihn freilich nicht, er hat 1868 dem englischen Wissenschaftler Alexander Parkes das Patent darauf abgekauft. Dieser hatte sein Produkt als ersten Kunststoff der Weltgeschichte – sieht man einmal von Glas ab – zwar auf der Londoner Weltausstellung gezeigt, fand aber damals keinen Markt. Parkes selber nannte den Stoff für dünne, transparente Kunststofffilme übrigens Parkesin, und er fand diese biegsame Substanz um 1850, als er Nitrozellulose mit Kampfer mischte.
Hyatt aber produzierte nicht nur Billardkugeln aus Zelluloid, dessen Möglichkeiten schier unerschöpflich waren. So fand man bald überall Hemdbrüste und Handspiegel, Kinderpuppen und Perlenketten aus diesem Kunststoff, ja sogar Zahnprothesen wurden daraus gefertigt. Um 1890 war Zelluloid in Amerika so populär wie kaum ein anderer Werkstoff. Zwei andere Erfinder aber verpassten ihm nochmals zusätzlichen Schub: George Eastman führte 1889 Filme aus Zelluloid für seine Kameras ein. Und Thomas Alva Edison erkannte, wieder einmal mit sicherem Gespür, wie man damit Menschen in Traumwelten versetzen kann, und trug mit vielen Erfindungen zu dem bei, was einmal Kino heißen sollte: Sein Kinetoskop arbeitete mit einem perforierten, 35 Millimeter breiten Film, dessen Maße sich seither als internationale Norm durchgesetzt haben; außerdem gründete er das erste Filmstudio der Welt.
Leider hatte Zelluloid auch schlechte Eigenschaften, vor allem

dann, wenn es hohen und tiefen Temperaturen ausgesetzt war. Daher machte man sich auf die Suche nach einem Ersatzstoff. Bereits in den 1870er-Jahren war es im Labor geglückt, Phenol-Formaldehyd-Harze herzustellen, die später als erste vollsynthetische Kunststoffe in die Geschichte der Erfindungen eingehen sollten. Doch noch fehlte ein Verfahren, mit dem sich diese ökonomisch produzieren ließen. Das Problem löste der in Gent geborene, 1889 in die USA ausgewanderte Chemiker Leo Hendrik Baekeland, als er nach einem Ersatzstoff für Kautschuk suchte: Der ab 1909 hergestellte, harte und noch dazu beliebig einfärbbare Kunststoff Bakelit ließ sich zu zahllosen Gegenständen vom Pfannenstiel bis zu Art-déco-Interieurs formen.

Kein Widerspruch: Synthetische Naturstoffe

Zwar hatte das Kunststoffzeitalter mit Zelluloid und Bakelit seine Wurzeln eigentlich noch im 19. Jahrhundert. Doch wie bei der Kunstseide auch, wusste man damals nicht, was das Besondere an der Molekülstruktur solcher Stoffe ist. Ebenso unbekannt waren die Reaktionen, die während ihrer Synthese abliefen. Kurz: Zu jener Zeit herrschte wildes Experimentieren vor, eine systematisch vorgehende Kunststofftechnologie entwickelte sich erst später.

Der Chemiker Hermann Staudinger war es, der 1921 die Theorie entwickelte, die zur Basis der systematischen Kunststoffherstellung werden sollte: Kunststoffe bestehen aus großen und kettenförmig angeordneten Molekülen, wie übrigens auch viele Naturstoffe, zum Beispiel Cellulose, Stärke oder Kautschuk. Er nannte diese Moleküle Makromoleküle. Bis Mitte der vierziger Jahre musste er um Anerkennung für seine Theorie kämpfen. Doch die Praktiker schien der akademische Streit nicht sonderlich zu beeindrucken. Denn Schlag auf Schlag erfanden sie immer neue Kunststoffe in diesen rasanten Jahrzehnten: Cellophan (1912) und Acetat (1927), Vinyl (1928) und Plexiglas (1930), Polyacryl (1936) und Styrol (1938), Resopal (1938), Polyester (1940) und das Nylon (1938), den »Symbolstoff« der Kunststoffchemie schlechthin.

Seit den vierziger Jahren erlebte darüber hinaus aber auch die Naturstoffchemie eine wahre Blütezeit. Nun war es nämlich möglich, die Struktur so komplexer Moleküle wie des Chlorophylls, das im Stoffwechsel grüner Pflanzen eine Rolle spielt, zu beschreiben. Jetzt gelang auch die Totalsynthese vieler Naturstoffe, etwa des Cholesterins oder auch des Chinins, an dem sich schon 1856 William Henry Perkin versucht hatte – und dabei etwas anderes erfunden hatte: synthetische Farbstoffe.

Hauchzarte Träume, reißfest

Es gibt Erfindungen, die ziehen Mythen und märchenhafte Geschichten magisch an. Nylon gehört gewiss dazu. Es begann schon mit dem gewaltigen Werberummel, der die Menschheit, insbesondere die Damenwelt, auf den 15. Mai 1940 vorbereiten sollte, den Tag, ab dem Nylonstrümpfe verkauft werden durften. Da dies zunächst nur in ausgewählten Geschäften geschah, schätzte sich glücklich, wer gleich ein Paar ergattern konnte. Unvergessen ist das Bild einer jungen Frau, die im Straßenstaub sitzt und sich ihre Beute gleich über ihre Beine streift. Binnen eines Jahres wurden 36 Millionen Paar verkauft, eine Menge, die ausschließlich durch die Produktionskapazität begrenzt war und nicht etwa durch die Nachfrage. Die bisher gebräuchlichen Seidenstrümpfe jedenfalls verschwanden rasch in der Erinnerung, hatten sie doch einen entscheidenden Makel: die Laufmasche, die dem Nylon sogar seinen Namen gab, gebildet aus englisch »no run« (was eben so viel bedeutet wie »keine Laufmasche«).
Die Entwicklung der Faser selbst hatte das amerikanische Unternehmen Du Pont schon 1938 bekannt gegeben und diese auch 1939 auf der Weltausstellung präsentiert. Richtig spannend aber ist die Geschichte der Erfindung des Nylons. Schon 1935 hatte es nämlich Wallace Hume Carothers eher zufällig im Kielwasser der Forschungen von Hermann Staudinger über die Polymerisation von Makromolekülen entdeckt. Das Problem bestand nun darin, das gefundene Polyamid zu reißfesten Endlosfasern zu verspinnen. Hierzu erfand man ein neues Verfahren, das Schmelzspinnen.

Etwa zur gleichen Zeit suchte im Dienste der IG Farben auch ein deutscher Forscher nach neuen Fasern, Paul Schlack. Er kannte ab 1937 die Patentveröffentlichung von Carothers und landete mit seinen eigenen Arbeiten bei Caprolactam als Ausgangsstoff, den der Amerikaner seinerseits als unbrauchbar bezeichnet hatte. Schlack gelang 1938 die Synthese einer Polyamidfaser aus Phenol, die den Namen Perlon erhielt. Als die Du-Pont-Direktoren ein paar Monate später nach Berlin kamen, um über Lizenzen für ihr Nylon zu verhandeln, präsentierten ihnen die Deutschen ihr Perlon, fertig gewirkt und inklusive Farbmusterkarten.

Beide waren an einem Patentstreit nicht interessiert, tauschten daher die doch recht ähnlichen Patente aus und grenzten ihre Märkte voneinander ab. In Deutschland blieb man bei Perlon statt Nylon, da die Fertigung auf das Caprolactam eingestellt war. Auch Strümpfe wirkte man; diese gingen aber nicht in Serie, da die ganze Perlonproduktion nun für Kriegszwecke benötigt wurde. Dieses Schicksal teilten dann übrigens viele amerikanische mit den deutschen Frauen: Schon bald nach dem ersten Rummel um die Nylonstrümpfe wurde auch dort das Nylon fast ausschließlich in der Rüstungsindustrie verarbeitet, beispielsweise zu Seilen und Fallschirmen.

Ein Vater sieht sich als Mutter

Orale Empfängnisverhütungsmittel sind in Europa etwa seit 1960 in Gebrauch, und manchen gelten sie als die größte Erfindung der Menschheit überhaupt. Denn erst die Antibabypille, wie der Volksmund sie griffiger nennt, habe die Frau wirklich frei gemacht, wenigstens in Bezug auf ihre Sexualität. Wegen ihrer einfachen Handhabbarkeit – verglichen mit anderen Mitteln und Methoden – hat sie gewiss eine Rolle in der folgenden sexuellen Revolution gespielt. Da sie bei richtiger Anwendung zudem sehr sicher ist, mag sie sogar ein Schrittmacher in der Emanzipation gewesen sein. Erfunden hat sie 1951 aber ein Mann, der in Wien geborene amerikanische Chemiker Carl Djerassi, der seither als »Vater der Pille« gilt. Oder als »Mutter der Pille«, wie Djerassi mit seinem Status als Begründer der modernen Empfängnisverhütung kokettiert.

Wenn Mathe in die Hose geht

Ein neuer Stoff ist erst die halbe Miete. Zum Erfolg gehört auch eine gewinnbringende Anwendung. Und dazu muss die gefundene Substanz meist erst noch in die richtige Form oder an die richtige Stelle gebracht werden: Medizinische Wirkstoffe brauchen die richtige Art der Darreichung, etwa als Tablette oder Salbe. Wirksubstanzen für die Landwirtschaft müssen vor dem Einsatz erst noch streu- oder spritzfähig gemacht werden.
Superabsorber sind vernetzte Polymerketten, die viele Hersteller in Granulatform in ihre Einmalwindeln streuen, damit sie dort den Urin aufsaugen. Solche Körnchen können nämlich das Vierzig- bis Fünfzigfache ihres eigenen Gewichts an Wasser aufnehmen und fest binden. Aber wie verteilt man das Granulat am besten? Die Lösung dieser Frage ist ein echtes Problem für Mathematiker. Tatsächlich gossen Wissenschaftler des Fraunhofer-Instituts für Techno- und Wirtschaftsmathematik Strömungsvorgänge und Absorptionsprozesse in mathematische Gleichungen, fütterten damit ihren Computer und fragten ihn: Wie bleibt das Baby möglichst trocken? Die Verteilung des Granulats veränderte man dann im Rechner so lange, bis die optimale Variante gefunden war. Und die floss dann wiederum in die Windeln ein. Wenn Baby wüsste, wie viel Sorgfalt man seinem trockenen Po widmete!

Medikamente, durchs Hemd genommen?

Ein peinlicher Schwitzfleck! Ältere erinnern sich vielleicht noch der frühen Fernsehwerbung, die Heerscharen arbeitsamer Frauen und werktätiger Männer erst mit einem schlechten Gewissen plagte und hernach dem Deoverkäufer große Gewinne versprach. So altbacken braucht es im Zeitalter der Hightech-Chemie nicht mehr zuzugehen! Dank sei den Wissenschaftlern des Deutschen Textilforschungszentrums Nord-West an der Krefelder Mercator-Universität, die nun mit einem weißen Pulver die leidigen Gerüche im menschlichen Schweiß binden.

Das patentierte Cyclodextrin-Derivat brachte den Entwicklern gar einen Innovationspreis ein. Denn, eingearbeitet in Textilien, entfaltet die Substanz eine Langzeitwirkung. Die Imprägnierung ist waschecht, erst nach etwa 50 Waschgängen ist die Wirkung des Mittels, das enzymatisch aus Stärke gewonnen wird, verflogen. Das Pulver bindet jene Substanzen im Schweiß, von denen sich die Hautbakterien ernähren, wodurch sie überhaupt erst für schlechten Geruch sorgen. Es kommt aber noch besser, frohlocken die Erfinder: Mit Cyclodextrin-Derivat behandelte Kleider behalten auch einige Tage den Duft von aufgebrachtem Parfüm. Und dann wird es fast schon fantastisch: Denn die imprägnierten Fasern sollen sogar medizinische Wirkstoffe speichern und über die Haut an den Körper abgeben können – Möglichkeiten einer neuen Therapie für Menschen mit kranker oder empfindlicher Haut?

Jeden Tag zur Hand

Nützliche Helfer

Wir nehmen sie kaum wahr, die vielen kleinen Helfer im Alltag. Oder haben Sie sich schon einmal gefragt, wie der Reißverschluss, die Sicherheitsnadel, der Büstenhalter, die Windel, der Sparschäler oder die Ampel das Licht der Welt erblickt haben? Und was wären unsere Speisezettel ohne Pommes frites und ohne Ketchup? Mehr noch als die komplizierten technischen Geräte bereichern diese alltäglichen Produkte oft unser Leben. Außerdem zeigt die Geschichte dieser genialen Kleinigkeiten ganz genau: Jedes Produkt, sei es noch so bewährt, lässt sich immer noch ein klein wenig verbessern, und sogar bei richtig umwerfenden Erfindungen heizt oft erst ein cleverer Name oder ein ausgeklügelter Marketingplan den wirtschaftlichen Erfolg an.

Schimären der Bedeutsamkeit

Ein beliebtes Spiel: Was ist die wichtigste Erfindung des 20. Jh., der letzten 2000 Jahre, der Menschheitsgeschichte? Je nach Konfession oder Profession des Betrachters, je nach Zugehörigkeit zu einer Altersgruppe wird die Antwort vermutlich höchst unterschiedlich ausfallen.
Einen interessanten Beitrag lieferte 1620 der englische Philosoph Francis Bacon in seinem Hauptwerk »Novum organum«: »Das Wesen von Erfindungen kann nirgendwo klarer erfaßt werden als anhand jener drei, welche dem antiken Menschen unbekannt waren und deren Ursprung – obwohl jung – dunkel und glanzlos ist: nämlich der Druckkunst, des Schießpulvers und des Magneten. Denn alle drei haben das Antlitz und den Zustand der Welt verändert: die erste in der Literatur, die zweite in der Kriegskunst und die dritte in der Seefahrt. Dieser Revolution sind unzählige Veränderungen gefolgt, und zwar dergestalt, dass keine Macht, keine Sekte, kein Stern mehr Einfluss auf die menschlichen Geschäfte ausgeübt hat als diese drei mechanischen Erfindungen.«
Nun werden sich all jene ins Fäustchen lachen, die in China schon immer die eigentliche Wiege des Erfindertums sahen, gelten ihnen doch die drei genannten als klassische Beispiele des Technologietransfers, der seit dem Mittelalter von Fernost nach Europa lief. Nur wenige Jahrhunderte später habe Bacon schon nichts mehr davon gewusst!
Doch Vorsicht: Verglichen mit dem chinesischen Verfahren, schuf erst Johannes Gutenberg Mitte des 15. Jh. tatsächlich ein flexibles, universell einsetzbares Drucksystem. Während sich die Chinesen am Schießpulver vor allem durch Feuerwerke ergötzten, machten es die Europäer mit der Erfindung der Kanone zum durchschlagenden Kriegswerkzeug. Was aber den Magneten betrifft, so kannten den die Griechen ebenfalls. Wenn man in China auch schon früh den Kompass benutzte, so setzte man ihn doch gerade auf See erstaunlicherweise lange Zeit nicht ein.
Zahlreiche Fußangeln säumen also den Weg durch die Geschichte des Erfindens, und manchmal werden die Lorbeeren vorschnell verteilt.

Milliarden mit Anrüchigem

Geld stinkt nicht, das wussten schon die Römer, als sie den von einem dringenden Bedürfnis Geplagten einen Obolus für die Erleichterung abverlangten. Und auch zweitausend Jahre später gilt es durchaus nicht als anrüchig, mit gewissen menschlichen Hinterlassenschaften Millionen und Milliarden zu machen.

Schon aus ältesten Quellen wissen wir, dass schon die Ägypter, die Römer und die Azteken die Hintern ihrer Säuglinge verpackten. Doch während man früher nasse Windeln oft nur zum Trocknen aufhängte, war nach der Entdeckung der Bakterien das Auskochen angesagt. Noch Mitte der fünfziger Jahre gehörte Windelwaschen in riesigen Bottichen zur Schwerarbeit vieler Frauen. Walt Disney hielt es 1948 in einem Comic mit Goofy als perfektem Vater fest.

Marion Donovan wusste also, was da wieder auf sie zukam, denn sie hatte bereits ein Kind. Und wenn sie überhaupt weitergehende Gedanken hegte, war ihr sicherlich auch klar, dass Windelnwaschen ein Problem vieler Mütter ist. Doch als sie in den vierziger Jahren an ihren eigenen Kindern mit Duschvorhangstoff zu experimentieren begann, da wollte sie wohl vor allem den Verdruss mit eingenässten Kinderbetten und tropfenden Stoffwindeln vermeiden. Ihr erstes Modell war noch eine wasserdichte Hülle für ganz konventionelle Windeln. Bei der ersten richtigen Wegwerfwindel dienten dann mehrere Lagen Tissuepapier als Innerei. Deren Aufnahmefähigkeit war allerdings noch sehr begrenzt. Insgesamt hielt Marion Donovan vier Patente für ihre Windelentwicklung, die auch einen neuen Schnappverschluss statt der früher gebräuchlichen Sicherheitsnadeln abdeckten. So gilt sie heute als Erfinderin der Wegwerfwindel, obwohl etwa zur gleichen Zeit in Schweden ebenfalls eine erste echte Wegwerfwindel auf den Markt kam, dort freilich als Notgeburt: Der Zweite Weltkrieg hatte einen großen Mangel an Baumwolle bewirkt.

Doch jenseits aller Prioritätenfragen blieb die ganzen fünfziger Jahre hindurch das rechteckige Tuch aus Baumwolle die übliche Windel. Auch Marion Donovan konnte ihre Idee keinem Unternehmer schmackhaft machen. Aber sie brachte ihr

Produkt auf eigene Faust in das Sortiment New Yorker Läden, wo sie ein Erfolg waren. Ihr eigenes Unternehmen verkaufte sie später für eine Million Dollar. Erst während der sechziger Jahre entwickelte sich der Absatz der Wegwerfwindel rasch, um dann in den siebziger Jahren einen richtigen Boom auszulösen. Die folgenden Jahre standen im Zeichen weiterer Verbesserungen, sei es am Verschlusssystem oder an dem Feuchtigkeit aufnehmenden Innenmaterial.

Und jetzt mal so richtig den Kopf gewaschen

Hygiene auf kleinem Raum ist durchaus keine ureigene amerikanische Angelegenheit. Das erregte auch in Old Europe schon im 19. Jh. die Gemüter ganz heftig. Ja, auf der Londoner Weltausstellung von 1851 fanden sich so viele und so ganz unterschiedliche Ausführungen von Duschen, dass die schon etablierten Badewannen daneben richtig primitiv wirkten. Im Kampf um die Volksgesundheit propagierte man damals diese Variante der Körperreinigung, weil Duschen weniger Platz und weniger Wasser brauchen.

Heute sind alle damals vorgestellten Typen verschwunden – einfach deshalb, weil sie für Wohnungen ohne Wasserleitungen konzipiert waren. Etwa das schwungvolle Sitzbad mit Dusche, das der Katalog vom Jahre 1847 einer Firma aus Birmingham zeigt: Der Duschende in einer Sitzbadewanne zieht den Vorhang um sich, pumpt Wasser mit einer kleinen Handpumpe in den Behälter über sich, worauf es hurtig auf ihn niederströmen kann.

Solche Konstruktionen waren damals weit verbreitet, sowohl diesseits wie jenseits des Atlantiks. In der ursprünglichen Version ergoss sich ein schwerer Wasserstrahl aus Gefäßen über den Kopf. Später begann man den Strahl zu zerteilen, etwa mit einem Sieb. Die Amerikaner nannten das um 1895 übrigens recht sinnig ein »rain-bath«. Diese Art des »Regenbades« erlaubte eine vielfältige Führung der Wasserstrahlen. So war um 1830 sogar eine Kopfdusche mit reifenförmig angeordneten Strahlenringen im Handel; gespeist wurden sie aus einem kleinen Behälter. Und eine zusammenlegbare Regendusche mit Wassertank verwöhnte reinlichkeits- und gesundheitsbewusste Deutsche im Jahre 1832 nicht nur von oben, sondern bespritzte sie auch seitlich durch die feinen Löcher waagerecht umlaufender Rohre. Tatsächlich dienten solche Regenbrausen damals häufig medizinischen Zwecken. Weil es keine Wasserleitungen gab, ließen sich die meisten Modelle sogar transportieren.

Explosives Rotlicht

Die erste Verkehrsampel der Welt stand weder in Amerika noch in Deutschland, wie man vielleicht meinen könnte. Nein, sie erstrahlte am 10. Dezember 1868 in London, und zwar vor den Houses of Parliament. Aber vielleicht währte ihre Karriere einfach viel zu kurz, um besser im Gedächtnis zu bleiben: Tagsüber zappelten Arme an dieser Art Hampelmann und signalisierten »Achtung« und »Stop«; im Dunkeln hingegen regelte das Konstrukt den Verkehr mit grünem und rotem Licht, hielt bei Bedarf Pferde und Fuhrwerke an, damit Passanten die Kreuzung überqueren konnten. Bald schon segnete der Hampelmann jedoch das Zeitliche, und zwar überaus spektakulär in einer Gasexplosion: Seine Lichter waren mit Gas betrieben.

Dann kam die Welt lange Jahre wieder völlig ohne Ampel aus. Erst 45 Jahre später ertüftelte der Amerikaner James Hoge in Cleveland ein neues Exemplar. Zu dieser Zeit gab es aber bereits Glühlampen und öffentliche Stromnetze. Er versah seine Erfindung mit einem Hohlspiegel, damit das Signal auch am Tag schon von weitem sichtbar war. Da mittlerweile Henry Ford mit seinem erschwinglichen Auto für ziemlich viel Verkehr sorgte, wurden auch die Ampeln rasch im ganzen Land populär. In bester Tradition signalisierten sie grün und rot. Sogar die grüne Welle wurde damals schon erfunden: Nach einfachen Vorläufern, die es beispielsweise in Salt Lake City gab, führte sie Polizeisuperintendent Potts als echte Simultanschaltung von 20 Kreuzungen in Detroit im Jahre 1921 ein.

Auch London wagte endlich erneut das Abenteuer und installierte 1920 eine Ampel am Picadilly Circus. Paris schmückte zwei Jahre später den Platz vor der Oper mit einer Installation, die neben dem Rotlicht auch mit Glockengeläut in den Verkehr eingriff. Und in Berlin zierte (oder verunstaltete) ein klobiger Verkehrsturm, der es gar zum Kultstatus eines Wahrzeichens brachte, den Potsdamer Platz. Bereits nach zehn Jahren musste dieses »Denkmal« aber seinen Platz räumen, da sein Fundament den Tunnelbauern für eine neue S-Bahn-Linie im Weg war. Doch Jahrzehnte später erhob er sich wieder wie Phönix aus der Asche: 1997 wurde er als historischer Nachbau wieder aufgerichtet.

Verhungern à la Hightech

Vorratshaltung beschäftigte die Menschheit mindestens seit jenem Augenblick, als die Völker sesshaft wurden und sich als Ackerbauern niederließen. Denn nun erzielten sie geplante Ernten, und die Feldfrüchte mussten bis zum Zeitpunkt des Verbrauchs vor Verderb geschützt werden. Dies leistete eine Reihe verschiedener Verfahren recht passabel – zum Beispiel das Trocknen und Einsalzen –, die sich im Lauf der Jahrtausende kaum änderten.

Im 18. Jh. änderten sich die Verhältnisse jedoch. Die Soldaten und Heere der aufziehenden Moderne wollten verköstigt sein, und die neue Mobilität zahlreicher Expeditionen und kühner Forschungsreisender verlangte ebenfalls nach neuen Formen des Nachschubs mit Nahrungmitteln. Daher setzte man in Paris 12 000 Francs als Preis für eine neue Konservierungsmethode von Lebensmitteln aus.

Über ein Jahrzehnt lang beanspruchte niemand das Geld. Erst der Pariser Koch Nicolas Appert tat dann den entscheidenden Schritt zur Aufbewahrung genussfertig vorbereiteter Nahrung: Nachdem er bemerkt hatte, dass das Erhitzen der Nahrungsmittel in geschlossenen Behältern die Gärung verhindert, verkaufte er ab 1790 Fleisch und Milch, Gemüse und Obst in Flaschen. Doch erst 1804 prüfte das Marineministerium die Produkte – zur großen Zufriedenheit. 1810 schließlich machte Appert die Methode in seinem Buch »L'art de conserver« (»Die Kunst des Konservierens«) bekannt und kassierte auch das Preisgeld.

Freilich waren Flaschen nicht der Weisheit letzter Schluss,

schließlich zerbrachen sie leicht beim Transport oder im Kampf. Für Abhilfe sorgte dann der Londoner Händler Peter Durand, als er ebenfalls im Jahre 1810 Blechbüchsen benutzte: Die Konservendose war geboren, freilich als schmiedeeiserner Behälter, der im Gegensatz zur nur zerbrechlichen Flasche alles andere als leicht zu öffnen war!

Mit Gewehr und Bajonett auf Kalbfleischjagd

Zumindest bei Alltagsprodukten sind isolierte Entwicklungen nicht unbedingt die Regel. Gebrauchsgegenstände sind vielmehr meist eingebunden in ein Spektrum sich gegenseitig ergänzenden Zubehörs. Bei der Konservendose aber war das anfangs ganz offenkundig nicht der Fall. Denn das Öffnen glich einem Gewaltakt, ausgeführt mit Bajonetten und gar Gewehrfeuer.

Offenbar waren die Erfinder so sehr aufs Konservieren der Nahrungsmittel fixiert, dass sie den eigentlichen Zweck der Übung ganz aus den Augen verloren hatten: den einfachen Zugang zu verzehrfertiger Nahrung. Bezeichnend hierfür ist die Aufschrift einer Dose mit Kalbsbraten, die William Edward Parry 1824 auf die Expedition in die Arktis mitnahm: »Oben mit Hammer und Meißel rund aufschneiden«. Selbst im technisch findigen Amerika der Pionierzeit erteilte William Underwood, der in den 1820er-Jahren die erste amerikanische Konservenfabrik gründete, den Rat, man möge die Dosen getrost mit all den im Hause ohnehin verfügbaren Werkzeugen öffnen. Der Fairness halber muss man freilich auch sagen, dass jene Dosen sich von den heutigen gewaltig unterschieden: Bei Wandstärken von einem halben Zentimeter und Gewichten von rund einem Pfund schon im Leerzustand waren sie oft schwerer als der Inhalt.

Auch deshalb vielleicht dauerte es fast ein halbes Jahrhundert, bis findige Köpfe nach der Konservendose endlich auch wenigstens halbwegs brauchbare Dosenöffner entwickelt hatten. Den ersten ließ sich 1858 Ezra Warner aus Waterbury in Connecticut patentieren. Das Gerät glich seiner Form nach einem Mittelding zwischen Bajonett und Sichel. Es war freilich unhandlich und in seiner Benutzung sogar gefährlich, weshalb es sich außerhalb des amerikanischen Militärs während des Bürgerkriegs kaum durchsetzte: Zivilisten hantierten offenbar weiterhin lieber mit Messer und Meißel, obwohl die Bleche mittlerweile deutlich dünner und die Deckel anders konstruiert waren. Oft war es gar so, dass der Händler mit solchen Öffnern seinen Kunden die Dosen öffnete, bevor diese sie nach dem Kauf mit nach Hause nahmen. Der Vorteil sicherer Vorratshaltung war damit freilich dahin.

König kunstvoll enthäutet

König unter den Gemüsen: Der Spargel trägt wahrlich einen fürstlichen Namen. Und er verlangt auch königliche Aufmerksamkeit, auf alle Fälle dann, wenn es ans Schälen geht. Feinschmecker registrieren es verärgert, wenn lästige Schalenreste in Mund und Schlund den Genuss erheblich stören. Dienstbare Geister versuchen dies zu vermeiden, wenn sie sich in der Küche durch die Stangenstapel schaffen. Wie so oft im Leben geht es auch hier um das rechte Maß zwischen dem Zuwenig und dem Zuviel.
Zumindest fürs Gemüseputzen hat die Menschheit das Problem in ebenso einfacher wie genialer Weise gelöst, und diese Lösung heißt – Alltagssprache kann manchmal sehr plastisch sein – Sparschäler. Wie viele einfache Dinge präsentiert sich auch dieser in einer Reihe unterschiedlicher Ausprägungen. Ganz elementar ist beispielsweise die Anlegkante, auf die Klinge eines Küchenmessers aufgeschraubt, manchmal ist der dadurch entstehende Schlitz sogar in der Breite veränderlich. Im Haushalt gebräuchlichere Formen dagegen sind in der Hobelkante selbst zwar unveränderlich, doch diese sitzt nicht immer starr am Holzgriff, sondern die Schneidvorrichtung ist leicht drehbar gelagert. So kommt man auch den kühnsten Rundungen einer Kartoffel spielend bei. Denn das ist der große Vorteil dieser einfachen Varianten: Ob Spargel oder Kartoffel, Gurke oder Möhre – Sparschäler entkleiden einfach alles. Das technische Prinzip dahinter ist stets gleich und überaus simpel; die Anlegkante sorgt automatisch für den richtigen Anstellwinkel zum gleichmäßig dünnen Schälen.

So fix geübte Schäler damit auch sind, beim Spargel kann es dennoch mühselig sein. Und deshalb gibt es für den König noch ein besonders ausgeklügeltes Werkzeug. Dabei schiebt man den Spargel von oben durch die Öffnung des Geräts, und sogleich enthäuten mehrere gebogene Stahlklingen das zarte Gemüse. Gebührend sanft, denn die scharfen Klingen sitzen federnd an beweglichen Stäben, im Kreise angeordnet. So bewältigen sie Stangen unterschiedlicher Dicke sowie gerade und krumme Exemplare.

Was aber den Gourmet einfach erfreut, nötigt dem Technikhistoriker großes Staunen ab. Denn immer dann, wenn es um lebende Dinge aus der Natur geht, bei denen nicht eins dem andern gleicht, ist der Entwurf befriedigender mechanischer Lösungen besonders anspruchsvoll – und gehe es selbst nur ums Schälen.

Pommes und ...

Dauerbrenner für Kindermäuler und Feinschmeckern ein Graus: Pommes mit Ketchup. Doch selbst bei dieser Fett- und Pappschlacht in Küchen und auf Tellern – weltumspannend schon weit vor den Zeiten der Globalisierung – zeigt sich auf spannende Weise menschlicher Erfindungsreichtum. Wie so oft, wenn es um Alltägliches geht, so wird man auch hier bei Charles Panati fündig. Er spürte dem Selbstverständlichen nach, das unser Leben ohne großes Aufhebens prägt, und schrieb eine »Universalgeschichte der ganz gewöhnlichen Dinge«, deren deutsche Übersetzung durch Aufnahme in Hans Magnus Enzensbergers »Andere Bibliothek« gewissermaßen geadelt wurde.

Ohnehin befanden sich die Pommes frites auch früher schon in bester Gesellschaft. Denn kein geringerer als der Verfasser der Unabhängigkeitserklärung von 1776 und amerikanische Präsident Thomas Jefferson brachte sie in sein Land und machte sie populär. Wie der Name andeutet, genoss man sie zuvor schon in Frankreich, wo diese Art der Zubereitung bereits im 18. Jh. beliebt war. Dort lernte sie Jefferson während seiner Zeit als Gesandter in Paris kennen. Wieder nach Hause zurückgekehrt, verwöhnte (oder traktierte) er seine Gäste bei

Einladungen mit Pommes frites. Wie alle Werbeleute wissen, dienen die Gewohnheiten Prominenter oft als Schrittmacher für die Ausbreitung von Ideen und Produkten: Schon bald fand sich dieses spezielle Kartoffelgericht auf vielen amerikanischen Speisekarten.

... potatoes

Im Sommer 1853 nervte ein Gast des Moon Lake Lodge in Saratoga Springs den indianischen Koch mit ständigem Genörgel, die Pommes frites seien zu dick. Bis es der Küchenkünstler endlich leid war und für die nächste Portion die Kartoffeln hauchdünn schnitt. Die Rache glückte freilich nicht, denn der Gast genoss die kross frittierten Scheibchen sehr, und schon zierten sie als Saratoga Chips die Speisekarte des Hauses. Bald verkaufte man sie auch abgepackt, erst am Ort, dann in ganz New England. Zum tonnenweise verzehrten Massenprodukt Kartoffelchips aber kam es erst, nachdem die mühselige Handarbeit des Herstellens automatisiert worden war – beispielsweise durch die Erfindung einer Maschine zum Kartoffelschälen in den 1920er-Jahren.

Rotgrün auf Amerikanisch

Es gibt ein paar Dinge, welche den meisten Menschen als fester Bestandteil der amerikanischen Kultur erscheinen. Ketchup gehört gewiss dazu. Der Gebrauch eingedickter Würzsoßen – denn das ist die Funktion von Ketchup – war nach gesicherter Überlieferung allerdings schon bei den alten Römern sehr beliebt; es gab sogar Manufakturen, die solche herstellten. Die Chinesen entwickelten 1690 eine Soße namens »kêtsiap«, der erste Vorläufer jedenfalls des heutigen Namens. Dieser mutierte dann in der malaiischen Inselwelt zu »ketchap« und wurde schließlich zu »ketchup«, als britische Seeleute Anfang des 18. Jh. die Tunke von dort nach England brachten. In Werken von Charles Dickens und Lord Byron brachte es Ketchup sogar zu literarischen Ehren – von Kochbüchern ganz zu schweigen.

Mit der Tomate, einem zunächst nur in der Neuen Welt heimischen Gemüse, kommen nun tatsächlich die Amerikaner ins Spiel, und zwar gegen Ende des 18. Jh. in New England. Zwar diente die Tomate in Amerika schon lange als Nahrungsmittel. Die Azteken bauten sie an, die spanischen Entdecker lernten sie dort kennen. Doch den europäischen Siedlern galt sie lange als giftig: Vermutlich hatten sie fälschlicherweise grüne Teile gegessen.

Wie bei den Pommes frites treffen wir auch bei der Tomate wiederum auf Thomas Jefferson. Umfassend gebildet und dem Ideal der Aufklärung verpflichtet, war er einer der ersten Weißen, welche die Tomate systematisch kultivierten. So trug er zu ihrer Verbreitung bei. Schon bald folgte auch eines der ersten Rezepte für »tomato catsup«, 1792 in einem Kochbuch von Richard Brigg. Richtig populär und praktisch flächendeckend in den Küchen der USA verbreitet war die Würzsoße aber erst seit Mitte des 19. Jh.

Dies mag vielleicht auch an der überaus mühseligen Zubereitung gelegen haben. Davon waren die amerikanischen Hausfrauen spätestens 1876 befreit, als der deutschstämmige Koch Henry Heinz sein Ketchup in großen Chargen herstellte und, in Flaschen abgefüllt, verkaufte. Diese waren damals noch mit einem Korken verstöpselt, doch ansonsten blieb ihre Form bis heute ziemlich gleich – und auch die Rezeptur des fabrikmäßig produzierten Inhalts. Jedenfalls bis ins Jahr 2000, als die »New York Times« eine Revolution ankündigte: Heinz, noch immer größter Hersteller der Tunke, bringt grünes Ketchup auf den Markt! Denn diese Farbe, so hätten Marktanalysen erbracht, komme bei den lieben Kleinen besonders gut an.

Eine Apotheke in Atlanta

Was brauchen Kinder noch zu Pommes und Ketchup, damit das Glück vollkommen ist? Richtig, eine Cola. Dabei stand diese Erfolgsgeschichte am Anfang unter keinem guten Stern. Denn als John Stith Pemberton deren Mixtur 1885 erfunden hatte und als Hirn-Tonic vermarkten wollte, war der Verkaufserfolg zunächst sehr bescheiden. Er kochte den karamelfarbenen Sirup ja auch nur im Hinterhof in einem dreibeinigen Messingkessel und trug ihn bei der Markteinführung 1886 in Atlanta in einem Gefäß zur Apotheke, wo die Kunden dann das Getränk am Mineralwasser-Siphon genießen konnten. Im Durchschnitt verkaufte er in jenem Jahr nur neun Drinks am Tag.

Danach wechselte die Rezeptur mehrfach den Besitzer, aber auch diesen blieb der Erfolg versagt. Den Durchbruch schaffte erst Asa D. Chandler – mit einer schlichten Idee: Der Unternehmer aus Atlanta kaufte 1891 das Coca-Cola-Unternehmen mit allen Rechten für 2300 Dollar, versetzte das Getränk mit Kohlensäure, und die prickelnden Blasen machten dann eine Goldgrube daraus. Binnen vier Jahren vermochte er mit seinem Geschäftssinn den Vertrieb bis in alle Winkel der Nation auszudehnen. Doch erst 1893 ließ er sich den Namen Coca Cola – und auch den vertrauten geschwungenen Schriftzug – beim amerikanischen Patent- und Markenamt sichern.

Erfinder des heute weltbekannten Namens und der ebenfalls noch immer gebräuchlichen fließenden Schrift war übrigens Frank M. Robinson, einst Pembertons Partner und Buchhalter. Er glaubte damals, die beiden verschlungenen C's würden sich in Anzeigen gut ausnehmen, womit er über alle künftigen Wellen der Mode hinweg recht behalten sollte.

Aber noch war Coca Cola ein Produkt für den Mineralwasserausschank in Erfrischungshallen. Dies änderte sich, als 1894 der Süßwarenhändler Joseph A. Biedenham in Mississippi auf den Gedanken kam, das Getränk zum Mitnehmen auch in Flaschen abzufüllen, wofür er als Grundstoff den Sirup per Schiff aus Atlanta kommen ließ. Endgültig zur Weltmarke wurde es dann in den 1950er- und 1960er-Jahren. Und während der Apotheker Pemberton seine Erfindung anfangs noch zu Fuß vom Hinterhof zur Verkaufsstelle brachte, verteilt heute die weltweit größte kommerzielle Fahrzeugflotte das Getränk für die Coca Cola Company und ihre Abfüller. Doch aus was genau sich der Sirup zusammensetzt, an dem hier alles hängt, das ist bis heute ein bestens gehütetes Geheimnis.

Buchdruck gegen die Unterdrücker

Erst mit Johannes Gutenberg wurden die Gedanken wirklich frei, weshalb viele im von ihm im 15. Jh. erfundenen Buchdruck eine der revolutionärsten Erfindungen aller Zeiten sehen. Wurden sie es wirklich, so nicht wegen plötzlich einsetzender Liberalität der Mächtigen, sondern deshalb, weil nun beliebige Texte in großer Zahl unters Volk zu bringen waren, das damals freilich mehrheitlich gar nicht lesen konnte.

Richtig ist allerdings, dass die neue Schwarzkunst recht schnell auch für politische Pamphlete und Kampfschriften genutzt wurde; irgendjemand fand sich schließlich immer, der es zu lesen und verbreiten wusste.

Weshalb aber fällt Gutenberg die Ehre zu, wo man doch in China schon viel früher mit aus Holz geschnitzten beweglichen Stempeln für Schriftzeichen gedruckt hatte? Der Erfindergeist des gelernten Goldschmieds Gutenberg zeigt sich darin, dass er mit den in seinem Handwerk üblichen Techniken beliebig vervielfachbare Lettern schuf, die unabhängig von der Kunstfertigkeit eines Graveurs oder Holzschneiders in immer gleicher Form verfügbar waren. Dazu musste er auch noch um die Ecke denken: Er schnitt nämlich die einzelnen Buchstaben jeweils seitenverkehrt erhaben in ein Stahlstäbchen, das dann die Vaterform darstellte; die schlug er hernach in Kupfer, was ihm eine seitenrichtige Mutterform lieferte; und durch Ausgießen dieser Matrize schließlich konnte er identische Lettern in großer Stückzahl herstellen. Auch für diesen letzten Verfahrensschritt unternahm Gutenberg sehr systematisch langwierige Versuche, bis er die für seine Zwecke günstige Legierung aus Blei, Zinn, Wismut und Antimon fand.

Drei Buchstaben gehen um die Welt

Eigentlich weilte der Wissenschaftler Tim Berners-Lee ja zu einem Forschungsaufenthalt in Genf am Europäischen Kernforschungszentrum CERN. Doch dabei erfand er dann etwas, das in seiner Bedeutung heute meist gleichrangig mit der Erfindung des Buchdrucks genannt wird: das World Wide Web. Eigentlich ging es ihm nur darum, einen schnellen Austausch von Forschungsergebnissen unter Wissenschaftlern zu ermöglichen. Doch heute bezeichnet das Kürzel www nicht bloß einen Standard zur weltweiten Verknüpfung von Daten über

das Internet. Es hat unsere Welt schon sichtbar verändert, und der vehemente Ansturm einer weiter wachsenden Gemeinde wie auch der Zustrom weiterer Millionen und Abermillionen von Dokumenten im Hypertext-Format, die durch Links miteinander verknüpft sind, könnte sie völlig umkrempeln.
Galt Johannes Gutenberg den passionierten Fürsprechern jeglichen technischen Fortschritts als praktischer Wegbereiter der Meinungsfreiheit, so sehen sie nun im Internet den Garanten für eine Emanzipation zu wahrer Demokratie. Richtig allerdings ist, dass nunmehr – erstmals in der Geschichte der Menschheit – jede verfügbare Information an beliebigen Punkten der Erde von allen Menschen jederzeit abrufbar ist. Nun, sagen wir doch lieber: jedenfalls im Prinzip.

Die Weißmacherin

Allenfalls noch gut für Blondinenwitze sind Tippfehler in den Zeiten der Personal Computer. Das war einmal anders. Allerdings konnte sich auch früher eine Sekretärin erbärmliche Fähigkeiten an der Schreibmaschine erlauben, wenn sie sich nur zu helfen wusste.
Bette Nesmith Graham hatte gleich ein doppeltes Problem, das sie mit Bravour und Hartnäckigkeit zu meistern wusste. Nach ihrer Scheidung musste sie nämlich 1951 sich und ihren Sohn allein ernähren. Zwar fand sie rasch Arbeit als Schreibkraft in Dallas, aber sie war offenbar als solche nicht besonders gut. Jedoch glich sie diesen Mangel mit Einfallsreichtum aus, als es galt, die vielen Fehler zu verdecken. Dies im wahrsten Sinne des Wortes, denn sie bediente sich dafür einer weißen Farbe. Hier konnte sie ihre eigentlichen Talente als Künstlerin voll entfalten, denn der Umgang mit Farben und Tinten war ihr bestens vertraut. Und sie sah ihre Methode auch nicht als eine bloße Verlegenheitslösung an.
Im Gegenteil, bald funktionierte sie Küche und Garage ihres Heims zu Versuchslabor und Fabrik um, wo sie ihren Gedankenblitz weiterentwickelte und ein richtiges Produkt daraus machte. Das verkaufte sie dann an Kollegen, die ebenso wie sie selbst vom Tippfehlerteufel geplagt wurden. Ihren Job behielt sie freilich bei und verschaffte sich nun auch Kennt-

nisse darin, wie man ein Produkt vermarktet. Schließlich bot sie »Mistake Out«, wie sie ihre Erfindung zunächst genannt hatte, der Firma IBM zum Kauf an, doch dort biss man nicht an. Die Nachfrage freilich stieg weiter, und 1956 war ihre Erfindung so populär, dass sie ein Patent dafür beantragte. Außerdem änderte sie den Produktnamen, nannte den Bürohelfer jetzt »Liquid Paper« und ließ sich den Markennamen ebenfalls schützen. Der Verkauf aber erfolgte weiter von der Garage aus. Siebzehn lange Jahre dauerte es, bis sie 1968 endlich richtig Gewinn damit machte. Das aber ist noch nicht das Ende der Erfolgsstory. Ihr Unternehmen stellte 1975 mit 200 Beschäftigten 25 Millionen Fläschchen Liquid Paper her, die in 31 Ländern zum Verkauf kamen. Und 1979 schließlich kaufte die Gillette Corporation Graham's Firma für mehr als 47 Millionen Dollar.

Der Papierzähmer

Die einfachen Dinge des Lebens haben es schwer, den ihnen eigentlich zukommenden Rang auch in unserer Sprache zu erwerben. Das jedenfalls glaubt der Amerikaner Henry Petroski, Professor für Ingenieurwissenschaften, der die Geschichte solcher Gegenstände untersucht und beschrieben hat. Im Gegensatz etwa zum Computer traut man schlichten Stecknadeln, Reißnägeln und Büroklammern eben nicht zu, so seine Analyse, sie könnten zum technologischen Fortschritt etwas beitragen. Und so blieben diese unauffälligen Erzeugnisse, anders als Flugzeuge und Autos mit klingenden Firmen- und Erfindernamen wie McDonnell Douglas oder Ford, meist namenlos oder durften sich allenfalls noch hinter einem Pseudonym verstecken, das freilich über die Herkunft oder den Erfinder nichts mehr verrät.
Es gibt jedoch auch Ausnahmen von dieser Regel. 1896 versah der Schwabe Louis Leitz, ein hartnäckiger Tüftler und gewiefter Vermarkter, sein Produkt mit seinem Nachnamen, geschrieben in chinesischer Pinselschrift auf dem Rückenschild, und hob es damit schlagartig aus der Menge ähnlicher Sammelmappen und Briefordner hervor. Sein »Hebelordner mit Exzenterverschluss« vereint im Prinzip zwei Vorgänger:

den Biblorhapte, Mitte des 19. Jh. in Frankreich erfunden, auf dem man die Papiere aufspießt, und den 1880 patentierten Shannon-Ordner aus Amerika mit einfacher Bügelmechanik auf einem Brett. Seit 1871 selbst mit der Herstellung von Biblorhapten befasst, versah Leitz im Jahre 1893 seine Sammelmappe »A« erstmals mit der amerikanischen Verschlussmechanik und konnte Blätter nun an jeder beliebigen Stelle ablegen oder entnehmen. Zwar ist nicht klar, ob er mit dieser Anordnung der Erste war, denn patentieren ließ er sich diese Neuerung nie (später aber eine ganze Reihe von Verbesserungen, mit denen er sein Produkt immer weiter perfektionierte). Den charakteristischen Ring im Rücken, der als Griffhilfe beim Herausziehen des Ordners aus dem Schrank dient und den er etwa um 1910 einführte, konnte er jedoch nicht patentieren lassen – denn für Löcher gibt es keine Patente.

Die Datensicherer

Personal Computer gehören inzwischen zu unserem Leben. An ihrem Durchbruch in den Alltag war jedoch ein kleines Ding nicht ganz unbeteiligt, das zu Beginn einigen Erfinderschweiß und dann die Aufmerksamkeit der Öffentlichkeit auf sich zog: die Floppy Disk. Im Gegensatz zu den steifen Magnetplatten war die Floppy Disk flexibel und trat in den frühen 1970er-Jahren als Diskette ihren Siegeszug an.
Doch am Anfang ihrer Entwicklung stand nicht die Bequemlichkeit, sondern pure Not. Als nämlich IBM Ende der 1960er-Jahre einen Großrechner auf Halbleiterbasis entwickelte, galt es, ein elementares Problem zu lösen: Schaltete man den Strom ab, so gingen auch die ganzen Betriebsanweisungen in den Arbeitsspeicherchips verloren. Bei jedem neuen Einschalten des Computers musste also auch das ganze Betriebssystem erneut in den Arbeitsspeicher geladen werden. Deshalb suchte Alan Shugart mit seinen Leuten im IBM-Labor von San Jose in Kalifornien nach einem System zur dauerhaften Speicherung des Betriebssystems im Arbeitsspeicher.
Nachdem das Team sogar die gute alte Schallplatte eines ernsthaften Nachdenkens gewürdigt hatte, schlug der Ingenieur David Noble eine flexible Platte als Alternative vor, eben

die Diskette. Weil sie biegsam war, konnte sie nämlich direkt am Schreib-Lese-Kopf entlanglaufen, ohne diesen oder die eigene Oberfläche zu beschädigen. Das wiederum ermöglichte eine hohe Aufzeichnungsdichte. Die Scheiben hatten aber noch nicht das heute gewohnte Aussehen, das dünne Magnetbandmaterial musste nämlich mit Schaumstoff verstärkt werden.

Die eigentlich zündende Idee kam Noble, als er über Briefumschlägen brütete. Wie wäre es, dachte er, wenn sich die Diskette im Innern einer flexiblen Schutzhülle aus Kunststoff drehte? Weitere Verbesserungen boten sich nach diesem grundlegenden Gedanken dann von selbst an: Eine Beschichtung der Innenseite reinigt die Diskette, während sie sich dreht, eine kleine Öffnung in der Hülle dient als Zugang für den Schreib-Lese-Kopf. Was aber ist das eigentlich Revolutionäre dieser Erfindung? Die Floppy Disk ermöglicht es, nicht nur Programme am eigenen Computer einfach durch Diskettenwechsel im Laufwerk blitzschnell auszutauschen, sondern mit ihr lassen sich Programme auch ganz leicht an andere Benutzer weitergeben.

Eisen plus Beton schafft filigrane Welten

Eigentlich war er ja Besitzer einer Gärtnerei. Doch der Welt hinterließ Joseph Monier den Monierbeton. Gewiss ganz andere Ziele verfolgend als die antiken Baumeister, löste er damit doch viele grundsätzliche Probleme, mit denen sich Architekten zu allen Zeiten beschäftigen müssen.

Den Beton selbst – ein Gemisch aus Zement und Wasser mit Sand oder Kies – hatten schon die Römer erfunden, nicht aber das Wort. Ihr Opus caementitium wurde vielmehr im Mittelalter zu Zement verballhornt; Zement ist aber nur das Bindemittel. Das Wort Beton verwendete dann erst der französische Ingenieur Bernard Forest de Belidor im 18. Jh. Der englische Maurer Joseph Aspdin brachte die erste Neuerung, als er 1824 Kalkstein, Ton und Tonmergel fein zermahlte, die Mischung brannte und daraus anschließend wieder ein feines Pulver herstellte, das dann mit Wasser zu einem extrem harten Stoff abband. Etwas später, 1844, erkannte sein Landsmann

I. B. Johnson das Brennen bis zur Sinterung als wichtigsten Schritt in der Herstellung des neuen Baustoffs und erfand so den heutigen Portlandzement. Den größten Fortschritt für die Bautechnik brachte der Zement – neben seiner außerordentlichen Härte – durch seine Gießbarkeit. Der französische Gärtner Monier verstärkte nun den Beton durch Drahteinlagen und erfand damit den Stahlbeton, den er sich 1867 patentieren ließ.
Damit aber gab er den Architekten die Möglichkeit, wirklich filigrane Bauwerke von fast schwebender Leichtigkeit zu schaffen: Brücken mit großer Spannweite und luftig ausladende Säle, hoch aufragende Wolkenkratzer und an Strohhalme gemahnende Türme.

Geistesblitze beim Blick durch Löcher

Die Tüftelei um das vom Wind gerüttelte Fenster zeigt einen faszinierenden Zug fast aller Alltagsgegenstände: Obwohl sie seit Jahrhunderten oder gar Jahrtausenden »fertig« sind, war ihre Entwicklung dennoch zu keinem Zeitpunkt wirklich abgeschlossen. Irgendetwas gibt es immer noch und immer wieder zu verbessern, woran natürlich die veränderten Gewohnheiten nicht ganz unschuldig sind.
Fenster kennt man schon seit minoischer Zeit. Davor allerdings sah es in den menschlichen Behausungen düster aus, begnügte man sich in vorgeschichtlicher Zeit doch mit schlichten Lichtöffnungen und Abzugslöchern für dicke Luft und Rauch. Die Römer waren es übrigens, die seit dem 1. Jh. n. Chr. als Erste Glas für die Fensterfüllungen einsetzten. Und so stammt das Wort Fenster vom lateinischen Begriff fenestra ab. Noch im Mittelalter verstopfte man auf vielen Burgen die nackten Fensterlöcher mit Stroh gegen die Kälte. Zu einem wichtigen architektonischen Element entwickelte sich das Fenster freilich im Kirchenbau, wo der Formenwandel auch bautechnische Neuerungen brachte. Die oft riesigen Glasmalereien sind hier bemerkenswert. Die Scheiben wurden von Bleistegen gefasst, die meist in einem Holzrahmen saßen, der in das Mauerwerk eingelassen war.
Völlig neue Wege beschritt dann im 19. Jh. die Glasarchitektur.

Ihre schwebend erscheinenden Konstruktionen, wie zum Beispiel die des »Kristallpalasts« der Londoner Weltausstellung von 1851, waren erst möglich, als der Werkstoff Stahl die überaus lichte Symbiose mit dem Glas erlaubte. Abgesehen davon, dass diese Epoche einige überaus reizvolle Baudenkmäler hinterließ, führt von da ein direkter baugeschichtlicher Weg zur Glasarchitektur der Moderne. Und da verlangten neue Bedürfnisse und Einsichten im 20. Jh. wieder innovative Arbeit am Fenster selbst: Energie sparen ist angesagt. Doch um in unseren Breiten (fast) ohne Heizen auszukommen, braucht man hochdichte, dreifach verglaste Fenster.

Eingeschnappt

Kleider muss man irgendwie schließen, auch heute noch, zumindest bei drastisch sinkenden Temperaturen. Doch was mittlerweile ziemlich einfach geht, war früher, als man sich kunstvoll in Tücher hüllte, fast schon ein künstlerischer Akt geschickten Arrangierens von Nadeln, Fibeln oder Broschen. Noch früher aber, als erstmals Menschen versuchten, Pelze mit Knochen oder Holzstäbchen an ihrem Leib zu befestigen, war das eine Neuerung erster Güte.

Denn wie immer man seine Kleider schloss, alles hatte doch auch Nachteile. Einer der kleinen Helfer dabei hat eine besonders lange Geschichte – und erzählt kuriose Geschichten: die Sicherheitsnadel. Diese hatten die Römer zwar schon einmal erfunden, Jahrhunderte vor Christi Geburt, und vielleicht waren sie selbst nicht einmal die Ersten. Doch dann schien sie für lange Zeit etwas aus der Mode gekommen zu sein. Jedenfalls taucht sie plötzlich als Neuheit wieder auf, als Thomas Woodward aus Brooklyn 1842 eine Methode zur Herstellung abgesicherter Nadeln patentieren lässt. Etwas weitschweifig bezeichnet er sie als »viktorianische Schal- und Windelsicherheitsnadel«, womit er jedenfalls den von ihm angepeilten Verwendungszweck nennt. Doch so sehr er die Vorteile seiner Erfindung im Vergleich mit nicht gesicherten Nadeln preist, auch seine weist Nachteile auf, weil sie noch keine Feder hat. Hier nun beginnt eine der spannendsten Geschichten in der daran ohnehin nicht armen Historie des Erfindens. Akteur ist diesmal Walter Hunt aus New York, der so unterschiedliche Dinge erfand wie einen Vorläufer des Repetiergewehrs und die erste Nähmaschine in Amerika. Auch sonst hatte er sehr eigene und nicht immer berufstypische Vorstellungen: Seine Nähmaschine etwa ließ er nicht patentieren, da er sie für eine Vernichterin von Arbeitsplätzen hielt. Das war gewiss edel gedacht, aber ökonomisch nicht klug, denn Hunt stand wohl ziemlich in der Kreide bei dem Zeichner, der ihm die Grafiken für seine vielen Patentschriften angefertigt hatte. Da schlug ihm dieser folgenden Handel vor: Alle Schulden sind vergessen und Hunt bekommt obendrein noch 400 Dollar, wenn er ihm die Rechte an den Erfindungen abtritt, die er aus einem Stück Draht sozusagen herausbiegt.

Über welch erfinderisches Gespür Hunt verfügte, lässt eine kurze Zeitangabe erahnen. Nur drei Stunden brauchte er, um dem Draht eine neue Sicherheitsnadel zu entwinden, die er dann 1849 patentieren ließ. Neben dem Schnappverschluss ist bei diesem Exemplar eben die Feder das eigentliche Merkmal, welche die Nadelspitze in diesem Verschluss auch wirksam festhält.

Zugeknöpft

Eigentlich sind es erstaunlich wenige Varianten, welche den Menschen zum Schließen ihrer Kleider zu Gebote standen und die sie dann durch Jahrtausende variierten. Denn auch der Knopf war schon den Römern bekannt, sie befestigten ihn allerdings anders als wir. Unser gewohntes Knopfloch hingegen kam erst im 13. Jh. auf. Über die Gründe dafür können wir nur wild spekulieren.

Lassen wir die Herkunft des Knopflochs also im Dunkel der Geschichte und verweisen darauf, dass jedenfalls im 14. und 15. Jh. eine Unzahl von Knöpfen auf den Kleidern als überaus schick galt – gewissermaßen der »letzte Schrei« des Mittelalters. Aber nur für Menschen von Stand, weshalb noch heute die Knöpfe bei Männerkleidung anders sitzen als bei Frauenkleidern, sagen die Modehistoriker: Einmal unterstellt, die meisten Menschen knöpfen mit der rechten Hand, dann sorge einfach schon die Arbeitsökonomie für unterschiedliche Sei-

ten; denn während der Mann sich selber zuknöpfte, besorgte das bei der Frau die Zofe – und die stand dabei natürlich vor ihr.
Auf jeden Fall aber hatten Knöpfe für beide Geschlechter und jenseits aller Moden unbestreitbare Vorteile gegenüber Nadeln, Haken und Schnürbändern. Der Vorzug schneller Bedienbarkeit allerdings war rasch wieder dahin, als man viele Knöpfe nebeneinander setzte, um Kleidung möglichst winddicht zu bekommen. Wenn jemand sehr zugeknöpft war, konnte er ansonsten also damals durchaus ein recht offenherziger Mensch sein.

Automatisch dicht

Und zipp! So einfach und zackig schließen wir heute viele unserer Kleidungsstücke – wenn der Reißverschluss nicht gerade klemmt. Da verwundert es schon, wie lange es dauerte, bis dieser sich durchgesetzt hatte. Immerhin erhielt Elias Howe, der auch die Nähmaschine erfand, schon 1851 ein Patent für einen »automatischen, ununterbrochenen Kleiderverschluss«. Doch der Geistesblitz verpuffte.
Das ist deshalb so erstaunlich, weil in jener Zeit besonders die Schuhe viel zeitraubende Mühe machten. Denn die waren geknöpft, und zwar sehr hoch. Es gab sogar eigens entwickelte Stiefelknöpfer, um die Knöpfe in das enge lederne Knopfloch zu drehen. Selbst in der Handtasche trug jede Dame ihr persönliches Werkzeug mit sich, falls außer Haus ein vorwitziger Knopf aufsprang.
Diese ständige Last mit den Stiefeln hatte Whitcomb Judson im Auge, als er den Gleiter erfand. Der amerikanische Maschinenbauingenieur aus dem mittleren Westen kümmerte sich sonst eher um Getriebe und die Optimierung des Automobils, das gerade fahren lernte. Doch im Jahr 1893 erhielt er an einem Tag gleich zwei Patente für einen Reißverschluss, bei dem ein beweglicher Gleiter hintereinander angeordnete Haken zusammenzieht und verschließt. Mit dem Rechtsanwalt Lewis Walker, der sich zuvor schon für andere Ideen Judsons begeistert hatte, gründete er 1894 die Universal Fastener Company.

Während Judson bei der Suche nach immer besseren Varianten Patent auf Patent häufte, suchten seine Partner nach möglichen Anwendungen. Denn die Schuhindustrie zog nicht recht mit, und als Verschluss für Postsäcke blieb es bei nur wenigen Exemplaren. Der Firmenname wechselte fast so häufig wie die Varianten. Doch alle waren so kompliziert, dass man die Kunden mit umständlichen Gebrauchsanweisungen traktieren musste.

Hier kommt nun Otto Frederick Gideon Sundback ins Spiel, ein gebürtiger Schwede, der in Deutschland zum Elektroingenieur ausgebildet worden war. Er fand 1913 den richtigen Dreh, nachdem er einmal mehr die bislang verfolgten Systeme verworfen hatte. Nennenswerte Mengen des Produkts kamen dann im Krieg zum Einsatz, in Fliegeranzügen und Schwimmwesten etwa, wo sie sich bewährten. Aber die zivilen Märkte blieben kühl. Bis 1923 der Schuhhersteller Goodrich fast eine halbe Million seiner neuen »Zipper boots« verkaufte. Als verkaufsfördernde Maßnahme für diese Reißverschlussstiefel kreierte man den Namen »zipper«, der sich dann in den USA ganz allgemein als Bezeichnung für den Reißverschluss einbürgerte. Doch an Kleidungsstücken blieben Reißverschlüsse weiterhin die Ausnahme. Erst ab 1935 etwa eroberten die Zipper nach und nach auch die Rock- und Hosenschlitze.

Der einen Freud, der andern Leid

Die gewiss überflüssigste Erfindung aller Zeiten sind Strumpfhosen. Wenigstens findet sich die Behauptung in fast jedem Buch über Lingerie und feine Dessous. Und treffende Zitate aus dem Schatz unserer Literatur lassen sich ebenfalls leicht finden.

Bereits im Jahr 1958 wurde in Frankreich die erste Feinstrumpfhose produziert. Zwei Jahre später war sie auch in Deutschland auf dem Markt, strotzte allerdings nicht gerade vor edler Transparenz und vornehmem Schimmer. Vielleicht deshalb wurden noch Mitte der sechziger Jahre weit mehr Strümpfe als Strumpfhosen verkauft. Zu einem wirklichen Umsturz der Verhältnisse führte erst der Minirock, und An-

fang der siebziger Jahre verkaufte man rund sechsmal mehr Strumpfhosen als Strümpfe.
Ob die neue Mode die Männer wenigstens etwas versöhnte? Sittenstrengen Zeitgeistern gefiel sie jedenfalls nicht. Aber die hatten ja schon einige Jahrhunderte früher zu meckern, als die ersten richtigen Strumpfhosen das Licht der abendländischen Mode erblickten. Anfangs erschienen sie noch gesittet, als Wilhelm der Eroberer und seine Mannen in den eben frisch kreierten Beinkleidern England einnahmen. Allenfalls hätte man sich über seinen Sohn Wilhelm Rufus ereifern können, dessen französische Kreation so sündhaft teuer gewesen sein soll, dass sie sogar Stoff für ein Gedicht lieferte. Aber spätestens im 14. Jh. wurde der Klerus dann doch nervös, als die Beineszierde die männlichen Körperkonturen unterhalb der Gürtellinie überaus deutlich zeichnete.
Besonders bunt – auch im wörtlichen Sinn auf die Farbe der Kleidung bezogen – trieben es damals venezianische Jugendliche, die bald andernorts nachgeahmt wurden. Während die Jungen das offenbar auch als Protest gegen die ältere Generation verstanden, fanden die Alten zumindest solche Strumpfhosen gewiss völlig überflüssig.

Die Büste wohl gewärmt

Über Büstenhalter kursieren wahrhaft abenteuerliche Geschichten, so etwa die, ein Ingenieur habe dieses Requisit wahrer Weiblichkeit erfunden. Richtig daran ist, dass spätestens im 20. Jh. sich auch Ingenieure mit dem BH beschäftigten. Doch da hatte der Brauch, weibliche Brüste mit künstlichen Mitteln zu heben oder abzuflachen, zu entblößen oder zu verdecken, schon einige Jahrtausende Tradition hinter sich.
Der erste moderne BH wurde 1913 erfunden, und zwar von einer Frau. Damals war noch das berühmt-berüchtigte Mieder mit versteifenden Walknochen der weibliche Standard der Unterwäsche. Doch als die New Yorkerin Mary Phelps Jacobs ein ganz dünnes Abendkleid gekauft hatte, mochte sie nicht mit dem auftragenden Fischbein darunter ausgehen. So nähte sie also kurzerhand aus zwei Seidentüchern und einigen Bändern einen kleinen leichten BH mit Rückenfreiheit. Als dann

nach den von ihr damit beschenkten Freundinnen auch Fremde Kaufanfragen stellten, ließ sie sich das neue Objekt weiblicher Begierde 1914 patentieren und fertigte in Handarbeit einige hundert Exemplare. Bald schon verkaufte sie ihr Patent für 1500 Dollar an einen etablierten Korsettproduzenten; wie sich später zeigte, war es gut und gerne das Tausendfache wert.
Gegen diese amerikanische Erfolgsgeschichte würde aber wohl die französische Feministin Herminie Cadolle, die 1871 mit den Kommunarden auf den Barrikaden in Paris gekämpft hatte, protestieren: Denn nach einem Zwischenspiel in Argentinien, wo sie mit französischen Dessous gehandelt hatte, eröffnete sie 1889 einen Laden für Lingerie in Paris. Sie wollte bequeme Wäsche kreieren und schuf in diesem Jahr ihre zweiteilige Kombination »le bien-être«, bei der das Korsett nur noch die Hüften umschloss, während die Brüste durch einen Büstenhalter von den Schultern gehalten wurden, also von oben Stütze bekamen. Und das sieht schon sehr modern aus.

Ursula bremst Inline-Skater

Für gewöhnlich bremsen Inline-Fahrer klassisch mechanisch: Sie verlagern ihre Kraft in geeigneter Weise und hauen – salopp gesprochen – die Bremsklötze rein. Einfaches Prinzip, durchaus wirksam. Doch lässt sich das nicht noch verbessern und sicherer machen? Das fragten sich die Mitglieder des Erfinderclubs am Gymnasium in Sankt Georgen. Es ließ sich, und dafür bekamen die Schülerinnen und Schüler aus dem Schwarzwald den ersten Preis in einem Wettbewerb des Bundesbildungsministeriums.
Für »Ursula«, wie sie die hydraulische Bremse für Inline-Skates nach ihrer Physiklehrerin benannten, durften die fünf Erfinder – darunter eine junge Dame – der 12. Klasse dann nach London ins Science Museum reisen. Das Erfinden hat sicher Spaß gemacht. Aber braucht die Welt Ursula auch? Aus der Sicht von Krankenkassen vermutlich schon. Denn allein in Deutschland gibt es mehr als zehn Millionen Inline-Skater, für deren Verletzungen die Kassen im Jahr 1998 rund 500 Millionen Mark ausgeben mussten. Fast immer war das Bremsen schuld, dass die Fahrer verunglückten.

Mit Ursula aber lässt sich dosiert bremsen, einfach durch ein Heben der Schuhspitzen. Die Kraft wird daraufhin hydraulisch von zwei Zylindern auf das letzte Rad übertragen, das dann gleichmäßig abbremst. Sonst ändert sich für die Fahrer nichts gegenüber den herkömmlichen Stoppern. Außer eben der verminderten Gefahr von Stürzen!

Androiden und Automaten

Maschinenwelten

Welches ist die bedeutendste Erfindung, die jemals gemacht wurde? Das Telefon? Der Fernseher? Der Computer? Das Internet? Ein Zeitgenosse des 19. Jh. hätte auf diese Frage sicher geantwortet: die Maschine.
Maschinen sind vielleicht die faszinierendsten aller Erfindungen, sie wurden sogar zur Metapher für den Schöpfergeist und zum Leitmotiv der Suche nach immerwährender Bewegung. Da gibt es relativ einfache, die ebenso unauffällig wie effektiv ganz alltägliche Probleme lösen und das Leben des Menschen erheblich erleichtern. Denken Sie nur an die Waschmaschine! Und es gibt beliebig komplizierte, die dem Menschen sogar Konkurrenz zu machen scheinen mit ihren verblüffenden Fähigkeiten. Vom Webstuhl bis zum Industrieroboter reicht diese Liste der misstrauisch Beäugten.

Automatisch lassen Herrscher huldigen

Ist die ganze antike Erfinderei nur ein einziges Sammelsurium für Kriegs- und Bautechnik? Die erhaltenen Zeugnisse und Quellen legen diesen Schluss zwar manchmal nahe, doch ganz so ist es nun auch wieder nicht.
Beispielsweise konstruierten Erfinder damals eine ganze Reihe von Automaten, die vor allem der Unterhaltung und der Prunkentfaltung dienten, etwa bei Umzügen hellenistischer Herrscher. Heron von Alexandria beschreibt ausführlich die Machart von Figuren, bewegt durch einen von außen nicht sichtbaren Mechanismus, wie sie Mitte des 3. Jh. v. Chr. in seiner Heimatstadt gebaut wurden. Staunend erwähnt er auch Tempeltüren, die sich automatisch öffnen.
Heron analysierte in seiner »Mechanika«, einer Mitte des 1. Jh. n. Chr. entstandenen Schrift über die Mechanik, die antike Maschinerie und kam zu bemerkenswerten Schlüssen. So sah er, dass man mechanische Instrumente nicht beliebig leistungsstark machen kann, indem man einfach die verwendeten Hebel verlängert. Als Alternative schlug er Zahnradgetriebe vor, mit denen dann auch größte Lasten zu bewegen seien. Bei vielen antiken Maschinen wurden vor allem Rotationsbewegungen eingesetzt, wobei man sich dabei an der Natur orientierte und als größte Bewegung beständig die Umdrehungen von Sonne, Mond und Sternen beobachtete. Deshalb konnte der römische Militärtechniker und Ingenieur Vitruv im 1. Jh. v. Chr. denn auch behaupten, dass die Technik sich in schönster Übereinstimmung mit der Natur befinde.

Alles Theater

Die griechischen Automatentheater sorgten mächtig für Bewegung, nicht nur beim gerührten Publikum. Aber wie waren sie konstruiert? Als Antrieb fahrbarer Automaten etwa diente ein Gewicht, das sich senken konnte und über eine Schnur die Achse des Gefährts in Drehung versetzte. Damit der Spaß nicht gar zu schnell verging, kontrollierten die Konstrukteure mit Gegengewichten die Geschwindigkeit der Fahrzeuge, was mit rieselnder Hirse und Senfkörnern im Gewichtskasten funktionierte. In stehenden Automatentheatern bewegte man mit ähnlichen Mechanismen die Figuren, öffnete und schloss die Bühne automatisch. Philon von Byzanz ersann sogar eine kunstvolle Transmission, mit der er die vom Gewicht erzeugte Rotationsbewegung so umsetzen konnte, dass der Arm einer Figur sich hämmernd auf und ab bewegte. Die antiken Erfinder bedienten sich aber auch des Wassers, nutzten also die Prinzipien der Hydrodynamik, sowie der Luft. Hier entwickelte sich eine eigenständige Disziplin, die Pneumatik. Die Techniker in Alexandria bastelten frei von praktischen Verwertungszwängen; da die Automaten nie für produktive Aufgaben gedacht waren, blieben die eingesetzten Gewichte klein, die ertüftelten Bewegungsabläufe sehr komplex. Auf diese Weise fanden die Mechaniker zu Antriebsprinzipien, die später dann einmal wirklich große praktische Bedeutung erlangten, etwa als Antriebe mittelalterlicher Uhren. Meisterhaft fügten die alexandrinischen Erfinder einfache Maschinen – Schraube und Keil, Hebel und Flaschenzug – zu komplizierten Konstruktionen zusammen.

Obwohl sie auch einige praktische Dinge erfanden, zum Beispiel Feuerlöschpumpen und Lampen mit automatisch nachgeführtem Docht, verfolgten sie andere Ziele als die Erfinder des 19. Jh., wie der bedeutende Historiker der Automatisierung, Sigfried Giedion, resümiert: »Die Antike bewegte sich auf ganz anderen Bahnen, sie stellte ihre Erfindungsgabe in den Dienst des Wunderbaren. Sie konstruierte Zauberapparate und Automaten.« Was sie allerdings nicht hinderte, diese Kenntnisse konsequent zur Entwicklung von Kriegsmaschinen zu instrumentalisieren.

Als die Luft den Braten wendete

Ähnlicher Prinzipien wie die alten Griechen bediente sich auch Leonardo da Vinci häufig. Und bei aller Fantasterei im Großen ersann er im Kleinen doch manche praktische Vorrichtung, zum Beispiel den automatischen Bratenwender. Dessen Kernstück ist eine Luftschraube im Kamin, die der vom Feuer aufsteigende warme Luftstrom antreibt. Vor dem Feuer wiederum dreht sich der Bratspieß, auf dem das Fleisch

steckt. Den Antrieb aber besorgt die Luftschraube über ein Getriebe und Riemen.
Diese verblüffend einfache Konstruktion ist sogar im Blick der neuzeitlichen Kybernetik hochmodern, da das System sich selbst regelt. Denn das Feuer ließ den Braten sich automatisch schneller oder langsamer drehen, weil bei größerer Flamme ein stärkerer Luftzug entsteht.

Männerspielzeug

Angeblich beschenken sich Väter meist selbst, wenn sie die lieben Kleinen mit einer Eisenbahn bedenken. Diesen Umweg mochte ein Gutsherr aus Südengland gar nicht erst gehen, als er etwas ganz Besonderes erfinden ließ und damit der Begeisterung des viktorianischen Zeitalters für Eisenbahn, Elektrizität und ausgiebiges Tafeln gleichermaßen Ausdruck verlieh.
Er fühlte sich nämlich beim Dinner mit seinen Freunden durchs Personal gestört und installierte daher eine elektrische Eisenbahn auf Miniaturschienen in seinem weitläufigen Landhaus. Per Knopfdruck konnte er so von Küche und Anrichte die Speisen und Weine direkt auf den Tisch und vor seine Gäste fahren lassen. Hatte das Vehikel vor jedem gehalten und waren alle bedient, so ließ es der Herr des Hauses durch einen anderen Durchlass wieder hinaus in die Arbeitsräume des Hauspersonals verschwinden.
Noch kurioser mutet ein gut dreißig Zentimeter hoher mechanischer Koch an, der ebenfalls lästige Kontakte mit dem Butler vermeiden sollte. Er hatte Schalen mit Speisen in der Hand und bediente auf Knopfdruck die Gäste damit. Übrigens hat man viel später im roboterverliebten Japan der 1980er-Jahre Ähnliches ersonnen: Da rollte dann in Speiselokalen eine elektrische Bahn zwischen den Tischen, fuhr bei den Gästen vor, und ein Roboter versorgte sie mit den gewünschten Speisen.

Auf Knopfdruck Pommes

Nach dem Braten nun die Pommes frites! Ertüftelte Leonardo da Vinci in der Renaissance noch ein Verfahren, durch das die Fleischstücke gleichmäßig gebräunt wurden, so durfte im

Zeitalter des Fastfood die Frittenmaschine gewiss nicht fehlen. Aus 55 Gramm Kartoffelpulver und 80 Gramm Wasser rührt der Automat auf Knopfdruck in 16 Sekunden eine Masse an, drückt dann 36 Stäbchen durch ein Sieb ins Körbchen. Ab geht's ins Ölbad! Auf Knopfdruck liefert der Automat so binnen 80 Sekunden eine Portion Pommes frites.
Der in jeder Hinsicht ausgeklügelte Apparat hat sogar einige technische Highlights vorzuweisen, etwa eine patentierte Vorrichtung zum schonenden Erhitzen des Öls: Ein Heizband um die Ölwanne besorgt das auf sanfte Weise. Doch davon sieht der Kunde am Automaten nichts. Ob er es wenigstens schmeckt?

Die Unterhalter lernen schuften

Ein Frittenautomat ist vielleicht nützlich, aber Wunderbares wird man ihm kaum zusprechen wollen. Genau darin unterscheiden sich die Automaten der hellenistischen Zeit von den Maschinen und Robotern unserer Tage. Auf Sensationen ausgerichtet war noch das späte 18. Jh.: Nicht etwa die neu erfundenen Spinnmaschinen waren die Wunderwerke dieser Zeit, sondern die Androiden. Diese Automaten in menschlicher Gestalt konnten sich bewegen, Instrumente spielen, mit menschlicher Stimme reden, schreiben und zeichnen. Bei Hofe und auf Jahrmärkten entzückten diese Figuren ihre Betrachter. Dass sich die Einstellung, das Nützliche dem Wunderbaren vorzuziehen, damals noch nicht geändert hatte, beweist auch folgende Episode: Die Spinner und Weber von Nottingham zerschlugen Richard Arkwright die Spinnmaschinen, nachdem er 1769 seine »Spinning throstle« patentiert hatte.
Ein Mentalitätswandel setzte erst im frühen 19. Jh. ein. Für diesen Übergang steht eine Person, der große Erfinder des Rokoko, Jaques de Vaucanson. Vaucansons Automaten schnurrten nicht mehr nur zweckfrei vor sich hin. Man merkt seinen damals berühmten Figuren – dem Flötenspieler, dem Trommler, der Ente – an, dass Vaucanson Anatomie, Musik und Mechanik studiert hatte. Der Flötenspieler von 1738 etwa konnte Lippen, Zunge und Finger bewegen, wobei diese die Löcher der

Flöte schlossen, während die Zunge das regelbare Ventil abgab. Die Ente hingegen konnte schwimmen und watscheln, schnattern und Körner aufpicken, die hernach im Körper zermahlen und wieder ausgeschieden wurden.
Andere Erfinder ahmten Vaucanson nach, so Pierre Jaquet Droz mit einer automatischen Klavierspielerin. Jaques de Vaucanson aber wandte sich einem anderen Bereich zu, als ihn Ludwig XV. zum Inspekteur der Seidenmanufaktur machte: der Mechanisierung des Spinnens und Webens. Um 1740 baute er einen automatischen Webstuhl, bei dem er zum Heben und Senken der Litzen das gleiche Prinzip der Luftzufuhr nutzte wie beim Flötenspieler. Diese Erfindung hatte aber zunächst keinen Erfolg, denn solche Ideen konnten damals in Frankreich kaum Fuß fassen. Erst 1804 bastelte der Lyoner Erfinder Joseph-Marie Jacquard an den Relikten dieses Webautomaten und kam dabei zu seinem Jacquardwebstuhl, der im Grundprinzip bis heute selbst komplizierteste Muster automatisch webt. Gedanklich war nun der Weg zur – beliebig komplizierten – Arbeitsmaschine bereitet.

Künstliche Menschen

Das erste Patent auf einen Industrieroboter wurde 1956 in den USA beantragt, die frühen Typen kamen dann schließlich 1961 auf den Markt. Besonders schlau waren sie zwar noch nicht, aber immerhin erledigten sie nach einem starren Programm sehr anstrengende Arbeiten, so zum Beispiel das Hantieren mit heißen Gussformen in Gießereien. Die nächste Generation war schon sensibler. Ausgestattet mit technischen Fühlern, konnten sie wenigstens einige Veränderungen ihrer Umgebung erkennen und darauf reagieren. Solche Maschinen schweißen und lackieren heute in großer Zahl in vielen Fabriken.
Seit 1980 etwa sind noch kompliziertere Roboter in Entwicklung, ausgestattet mit mehr Sensoren. Im Gegensatz zu den alten Industrierobotern sind sie nicht mehr an ihren Arbeitsplatz gebunden, sondern im Raum frei beweglich. Sie kommen also – etwa bei Reinigungsaufgaben – mit Menschen in Kontakt und müssen diesen selbstständig ausweichen können. Daher brauchen sie Programme, mit denen sie Eindrücke

aus ihrer Umgebung verarbeiten können. Ein wichtiger Faktor ist auch ihre Beweglichkeit, unter Umständen auch in unwegsamem Gelände. Deshalb sind solche Roboter nicht nur mit Rädern oder zwei Beinen ausgestattet, sondern teilweise auch mit sechs Beinen nach dem Vorbild von Insekten. Es gibt sogar Roboter mit Saugnäpfen statt Füßen, die dadurch befähigt sind, an Wänden hochzuklettern, um Fassaden zu reinigen.
Doch lange bevor die erste dieser Maschinen gebaut wurde, geisterten künstliche Ebenbilder des Menschen durch Kunst und Literatur. Mary Wollstonecraft Shelley erfand etwa 1818 mit »Frankenstein oder der moderne Prometheus« einen aus Leichenteilen künstlich erschaffenen und mittels Elektrizität zum Leben erweckten Menschen.

Madame nahm sich die Schädel vor

Zu Weltruhm mit künstlichen Figuren brachte es außer Mary Wollstonecraft Shelley zumindest noch eine weitere Frau: Marie Grosholtz. Ihre Schöpfungen sind ebenfalls keine Automaten und zudem aus einem besonderen Material gefertigt: aus Wachs. Marie ging unter dem Namen Madame Tussaud in die Weltgeschichte ein.
Die spätere Herrin über ein berühmtes Wachsfigurenkabinett hatte ihren Vater nie kennengelernt. Den von der Mutter ererbten Namen hasste sie, verriet er doch die Abstammung von einer ebenso berühmten wie berüchtigten Scharfrichterfamilie. Deshalb verlegte sie ihren Geburtsort auch immer nach Bern, doch es war wohl Straßburg. Vierjährig zog sie mit der Mutter, der Haushälterin des im badischen Stockach geborenen Christoph Friedrich Curtius, nach Paris. Von Curtius, der möglicherweise sogar Maries Vater war, lernte sie die Kunst der Fertigung von Wachsfiguren. Curtius war gut im Geschäft: Zahlreiche Prominente, von Benjamin Franklin bis Voltaire, ließen sich von ihm ihr Antlitz in Wachs formen. Die Fotografie, mit der man dann ab der Mitte des 19. Jh. sein Porträt für die Nachwelt bewahren konnte, war damals ja noch nicht erfunden. Außerdem fertigte Marie Schmuck für die Wachsfiguren an – pikanterweise aus falschen Diamanten aus Bleiglas, die damals Aufsehen erregten.

Für Maries Karriere entscheidender war freilich die Erfindung des Arztes Joseph Ignace Guillotin, ein automatisches Fallbeil, das 1791 per Dekret der Nationalversammlung in Frankreich als Hinrichtungsinstrument offiziell eingeführt wurde. Zahlreiche Todesurteile wurden während der Französischen Revolution mit der Guillotine vollstreckt. Ihre Herkunft öffnete Marie die Schauplätze der blutigen Abrechnung. Ohne Wimpernzucken nahm sie Abgüsse der entleibten prominenten Häupter. So fertigte sie auch die Totenmaske des 1794 hingerichteten Robespierre.

Nach dem Tod von Curtius erbte sie dessen Figurenkabinett. Als sie später François Tussaud heiratete, hatte sie endlich auch einen ehrbaren Namen. Da sich ihr Gatte jedoch als Trinker und Spieler entpuppte, verließ sie ihn und ging 1802 nach England. Dort musste sie freilich erst 33 Jahre lang mit ihren Puppen und einem Wagen durchs Land tingeln, bevor sie sich im Alter in der Baker Street ein festes Haus für die Ausstellung leisten konnte. Ihre eigene Figur fertigte sie selbst übrigens im Alter von 81 Jahren an. Das Kabinett führten nach ihrem Tod im Jahre 1850 ihre beiden Söhne weiter. Heute haben auch bei Madame Tussaud die modernen Errungenschaften Einzug gehalten: Computer brachten den Figuren das Sprechen bei. Am Ende sind es dann also doch wieder – Automaten.

Eine Lady zähmt Maschinen

Es ist nicht so, dass Frauen keine Maschinen erfinden würden. Eine Frau brachte es in dieser Kunst sogar so weit, dass man ihr schließlich das Etikett »Lady Edison« anklebte. Ihre erste Erfindung glückte Margaret Knight schon mit zwölf Jahren. Es handelte sich um eine Absperrvorrichtung, die den Webstuhl abschaltet, wenn ein Schiffchen herausfällt. Das ist also nicht gerade das, womit sich Mädchen Mitte des 19. Jh. in den amerikanischen Neuengland-Staaten üblicherweise beschäftigten. Margaret Knight besaß offensichtlich ein ausgesprochen technisches Gespür und brachte es in ihrem Leben zu 27 Patenten. Das erste erwarb sie 1870 für eine Maschine, die Papiertüten herstellte, allerdings solche mit flachem Boden statt der bis dahin gebräuchlichen spitzen. Überhaupt schienen es ihr die Maschinen angetan zu haben, denn später erfand sie noch eine Maschine zur Produktion von Schuhen, und für den Automotor ersann sie eine besondere Ventilmuffe. Reich aber wurde sie mit alledem nicht, was sie neben anderem doch deutlich von Thomas Alva Edison unterscheidet. Meist musste sie ihre Patente sofort verkaufen, um das nötige Geld zum Leben zu verdienen. Bei ihrem Tod besaß sie gerade einmal 275 Dollar.

Berta macht den Wagen flott

Berta Benz gilt als Paradebeispiel einer Erfindergattin, die tatkräftig und ermutigend an ihres Mannes Seite steht. Anders als bei vielen Ungenannten wirkt ihr Nachruhm bis heute, woran ihr Mann, der Erfinder des Automobils, Carl Friedrich Benz, nicht unbeteiligt war.

Doch auch Berta hatte ihren Anteil am Erfolg ihres Mannes: Zunächst half sie ihm mit der Heirat aus großen Geldnöten. Und in der legendenumwobenen Silvesternacht des Jahres 1879 soll sie den grübelnden Mann ermutigt haben, noch einmal hinüber in die Werkstatt zu gehen. In gemeinsamer Anstrengung brachten sie den Motor zu ruhigem Lauf, gerade als die Glocken das neue Jahr einläuteten.

Am bekanntesten aber ist gewiss die Fahrt von Mannheim nach Pforzheim, die Benz in seiner Biographie als Resultat der Überredungskunst der Söhne beschreibt, durchgeführt ohne sein Wissen. Andere Autoren freilich halten das Ganze für eine abgekartete Sache unter den Eheleuten: Die Weltausstellung nahte heran, und der Wagen brauchte unbedingt zuvor noch eine Probefahrt. Doch dafür hatte Benz im Jahr 1888 keine Erlaubnis, die lag erst 1893 vor. Also sprang Berta in die Bresche, damit sich der Mann nicht strafbar machte. Dank Hutnadel und Strumpfband absolvierte sie die Fahrt trotz einiger Pannen dann auch erfolgreich.

Erster auf dem kleinen Erdbällchen

Salopp gesprochen versprach Rudolf Diesel die »eierlegende Wollmilchsau«, als er eine eher nüchtern titulierte Schrift vorlegte: »Theorie und Konstruktion eines rationellen Wärmemotors zum Ersatz der Dampfmaschinen und der heute bekannten Verbrennungsmotoren«. Der von Diesel vorgestellte Motor sollte nämlich von Kohlenstaub bis Rohöl fast alles verbrennen können und den Brennstoff bis zu 80 Prozent ausnutzen. Das brachte die Konkurrenz natürlich in Habt-Acht-Stellung, zumal die Erfindung 1892 ein Patent erhielt: Die Stahlbarone bei Krupp gewährten Unterstützung, versprach dieser Motor doch den Absatz großer Mengen ihres Werkstoffs; mit der in Magdeburg übernommenen Firma Gruson war man zudem in ähnlichen Geschäftsfeldern aktiv.

Diesel hatte ein Studium bei Carl von Linde hinter sich, dem berühmten Wissenschaftler und Erfinder der Eismaschine. Deshalb ging er auch nicht tüftelnd und probierend an die Sache heran wie die meisten Motorenkonstrukteure jener Ära, die sich mit einer Unzahl von Versuchen und Fehlschlägen ihrem Ziel näherten. Er wollte auch nichts schon Vorhandenes lediglich verbessern. Nein, ihm ging es um ein völlig neues Prinzip, das er aus den Gesetzen der Thermodynamik theoretisch herleiten und dann in die Praxis umsetzen wollte. Das Experimentieren blieb ihm trotzdem nicht erspart, und das erste Modell hätte ihn beinahe ums Leben gebracht: Wie gewünscht, entzündete sich das eingespritzte Benzin zwar in der Heißluft auch ohne Zündkerze, doch dann folgte ein Riesenknall, Eisensplitter sausten durch die Luft. Endlich am Ziel wähnte sich Diesel dann 1894, als die Maschine beim zweiten Versuchslauf 88 Umdrehungen machte. Aber es brauchte noch Jahre harter Arbeit und so manchen Kompromiss, um den von ihm erfundenen Dieselmotor in der Konkurrenz mit anderen Motortypen auch in Schiffen und Lokomotiven, Lastwagen und Personenautos unterbringen zu können.

Als dann der Motor 1896 endlich wie gewünscht lief, taugte er nur für ortsfesten Industriebetrieb, da er wegen der nötigen hohen Drücke und Temperaturen ungemein massiv und schwer war. Dennoch befand Diesel sich in einem Zustand der Euphorie, wie der nicht gerade bescheidene Brief an die Familie zeigt: »Ich bin jetzt so weit über allem, was bisher geleistet wurde, dass ich sagen kann, ich bin in diesem ersten und vornehmsten Fache der Technik, dem Motorenbau, der Erste auf unserem kleinen Erdbällchen, der Führer der ganzen Truppe diesseits und jenseits des Ozeans.« Die Einnahmen flossen reichlich, die Ausgaben für Prunk und Fehlinvestitionen freilich ebenso. Dazu gesellten sich Depressionen. Während einer Schiffspassage nach England erschien Diesel nicht zum Frühstück. Er war unbemerkt über Bord gegangen und fand am 29. September 1913 im Ärmelkanal den Tod.

Ein Kolben dreht durch

Viele Tüftler haben zur Entwicklung der Verbrennungsmotoren beigetragen. Aber es gibt in der historischen Abfolge einen entscheidenden Zeitpunkt, an dem das Probieren durch definierte technische Ziele und Methoden abgelöst wurde. In großer Klarheit zeigt dies der Anspruch Rudolf Diesels: »Der Wunsch nach Verwirklichung des Carnot-Prozesses beherrschte fortan mein Dasein.« Sein Ehrgeiz, diesem thermodynamischen Idealprozess möglichst nahe zu kommen, zeugte immerhin eine Verbrennungskraftmaschine mit einem thermischen Wirkungsgrad von 42 Prozent, dem höchsten bis dahin erreichten Wirkungsgrad bei solchen Motoren. Und nicht nur das: Sein Verbrennungsmotor trat einen ungeahnten Siegeszug an, auch in Personenautos, nachdem Daimler-Benz 1936 den ersten Diesel-Personenwagen vorgestellt hatte.

Dagegen konnte sich Felix Wankel mit seinem Motor nie richtig durchsetzen. Er hatte sich zum Ziel gesetzt, das Prinzip der Kolbenkraftmaschine mit einer direkten Drehbewegung des Kolbens zu verbinden. Das stellt an die Kinematik wie an die Fertigungstechnik hohe Ansprüche, aber er schaffte es, 1957 seinen Drehkolben-Verbrennungsmotor zu realisieren. Hochgelobt als technisches Wunder von den einen, bezeichneten die anderen den Wankelmotor als überflüssige Erfindung. Henry Ford II behauptete etwa: »Wankel beantwortete eine Frage, die nie gestellt war.« Große praktische Bedeutung hat der Motor in der Automobilindustrie bis heute nicht erreicht, die verkauften Lizenzen schlummern in den Schubladen vieler Firmen rund um den Erdball.

Die Mutter der Maschinen

Als die Menschen mit Werkzeugen umzugehen wussten, hatten sie einen großen Sprung nach vorne gemacht – und zugleich ein neues Problem: die mangelnde Präzision. Denn gewöhnliche Werkzeuge sind, unanhängig vom Geschick des Handerwerkers, in der Genauigkeit eng begrenzt. Wirklich gleiche Teile lassen sich mit ihnen nicht fertigen.
Was schon mittelalterlichen Uhrenbauern manchen Seufzer entlockte, kannte auch der Londoner Mechaniker Joseph Bramah zur Genüge, als er den Handwerker Henry Maudslay einstellte, um seine Probleme bei der Herstellung von Sicherheitsschlössern in den Griff zu bekommen: Weil in Handarbeit die Metallteile nicht mit der nötigen Präzision herstellbar waren, suchten sie nach geeigneten Werkzeugen und Maschinen. Die Idee dabei: Nicht mehr die menschliche Hand sollte künftig das Werkzeug führen, sondern eine Maschine. Maudslay eröffnete 1797 eine eigene Werkstatt und baute eine Werkzeugmaschine, mit der er beliebig viele Gewindespindeln stets gleich genau schneiden konnte. Die Werkzeugmaschine gilt als »Mutter der Maschinen«, weil sie die nötigen Teile zum Bau beliebiger Maschinen liefert.

Meisterwerk für die Zukunft

Als Henry Ford sein legendäres Fließband in Betrieb genommen hatte, empfand dies die Welt als Zeitenwende. Eigentlich aber fand dies epochale Ereignis schon über hundert Jahre früher statt, und ein anderer trieb auf die Spitze, was Ford angestoßen hatte: Der Industrielle L. R. Smith aus Milwaukee stellte sich die Aufgabe, Automobilrahmen gänzlich ohne Menschen zu bauen. Für die Autoindustrie jener Tage gab es dazu zwar keinerlei Bedürfnis, aber er sah, angesichts der immer gleichen Handgriffe der Arbeiter, die völlige Mechanisierung am Horizont heraufziehen. In einem innovativen Gewaltakt entwarfen seine Ingenieure eine automatische Fabrik, die für eine Million Karosserien im Jahr ausgelegt war – und das, obwohl die jährliche Gesamtproduktion um 1910 in der ganzen Branche nur anderthalb Millionen Autos betrug. Es folgte eine Zeit des Erfindens neuer Maschinen und Produktionsmittel, und binnen fünf Jahren war die automatische Anlage konstruiert. Sie wurde möglich, indem man nicht bloß die einzelne Maschine automatisiert, sondern alle Maschinen – zum Schneiden, Stanzen und Formen des Stahls, zum Greifen und Fügen und Nieten der Teile – in hoher Präzision am Fließband zusammenwirken lässt. Der Mensch steht nur daneben und führt die Aufsicht.

Hölzerne Müller gehen nicht

Nicht Henry Ford, sondern vielmehr der heute fast vergessene Oliver Evans war es, der ein neues Kapitel in der Menschheitsgeschichte aufschlug. Denn Evans erfand die automatische Mühle, 1783 im Modell vollendet und während der beiden folgenden Jahre in den Wäldern von Delaware errichtet. Evans hatte es geschafft, mit Förderschrauben, Becherwerken und Endlosbändern den gesamten Mahlvorgang zu automatisieren.

Niemand glaubte ihm zunächst; man konnte sich nicht vorstellen, dass die menschliche Hand ersetzbar sei. Evans bemerkte dazu: »Ich spreche aus Erfahrung, denn als die Behauptung zuerst aufgestellt wurde, dass sich Getreidemühlen bauen ließen, die sich selbst betrieben und sogar das Mehl von den Steinen holten und das Getreide von den Wagen und es in die oberen Stockwerke hoben, das Mehl zum Abkühlen ausbreiteten und es mit denselben Operationen in den Trichter zum Beuteln füllten usw., bis das Mehl zum Abtransport fertig war, da lautete die Antwort: Man kann das Wasser nicht den Hügel hinauffließen lassen, man kann keine hölzernen Müller machen.«

Aber die Mühle funktionierte, was die Müller der Gegend mit Schrecken registrierten. Sie verhöhnten Evans' Mühle denn auch prompt als Klapperkasten. Evans aber erhielt 1790 ein Patent auf seine Erfindung. Die Müller wollten zwar das Prinzip dann doch gerne nutzen, aber keine Lizenzgebühren zahlen. Deshalb fochten sie 1813 das Patent an, und selbst Thomas Jefferson kommentierte abfällig, das seien nur altbekannte Schöpfwerke und archimedische Schrauben. Wobei das für die einzelnen Komponenten sogar stimmt. Aber das Geniale lag ja in ihrem völlig neuen Einsatz und der Art, wie sie zu einer vorher nicht gekannten Anlage zusammengefügt wurden.

Den Gewinn aus der Mühle steckte Evans später in die Konstruktion von Dampfmaschinen, weil er schon kurz nach der Patentanmeldung von James Watt zu dem Schluss gekommen war, diese Maschine entwickle nicht genug Leistung für schwere Arbeiten. Sein erstes Modell einer Hochdruckdampfmaschine war 1794 fertig, doch das in England beantragte Patent blieb ihm versagt; es ging an Richard Trevithick aus Cornwall für eine ganz ähnliche Erfindung. Zu Hause in den USA immerhin vermochte er mit seinen Maschinen Aufmerksamkeit zu finden. Sie wurden immer größer, brachten immer höhere Leistung und wurden von der Baumwollverarbeitung bis zu Schiffsantrieben in allen möglichen Bereichen eingesetzt.

Absturz eines Erfolgsrezepts

Nicht jedes Erfolgsrezept wirkt überall Wunder, und manche gute Idee scheitert schon in frühen Stadien. Diese Erfahrung musste auch die amerikanische Automobilindustrie in ihren stürmischen Anfangsjahren machen.

So versuchte etwa General Motors, mit einem luftgekühlten Motor den wassergekühlten des großen Konkurrenten Ford zu verdrängen. Die Vorteile lagen auf der Hand: Ein solcher Motor ist leichter, sparsamer und ohne Kühler frei von der Gefahr des Einfrierens oder Überkochens. Doch damals wurde nichts aus diesem Konzept, zum einen wegen technischer und organisatorischer Probleme, zum anderen als Konsequenz der Marktanalysen, die ergaben, dass der Kunde keine platzsparenden kleinen Autos wolle, sondern im Gegenteil statusträchtige große, und seien sie auch teurer.

Aus technischer Sicht viel grundsätzlicher aber war der gescheiterte Versuch, die Massenproduktion vom Auto auf den Schiffsbau zu übertragen: Wegen der Gefährdung durch die deutschen U-Boote im Ersten Weltkrieg zeigte sich Henry Ford bereit, sein System auf den Bau von U-Boot-Jägern anzuwenden. Freilich musste man der automatisierten Arbeitsprozesse wegen schon die Form dieser Eagle-Schiffe so plump wählen, dass Schiffbauer nur ein spöttisches Lachen aufbrachten. Tatsächlich waren sie überaus fehlerhaft und kaum auf See zu gebrauchen. Bis Ende 1918 waren lediglich sieben statt der ursprünglich geplanten 112 Schiffe fertig. Die Fertigungstechnik war für ein so großes und komplexes Produkt nicht geeignet.

Nicht besser erging es General Motors, als das Unternehmen im Zweiten Weltkrieg XP-75-Bomber wie Autos am Fließband bauen wollte. Schon die hier tauglichen Werkzeugmaschinen ließen sich dort nicht so einfach einsetzen. Und während ein Auto ohne Motor damals etwa 1750 Teile hatte, bestand dieses Flugzeug aus 30000 Teilen, weder Motor noch Instrumente noch elektrische Ausrüstung mitgezählt. Das Projekt wurde 1944 eingestellt.

Alte Kunst in neuem Gewand

Als die Dampfmaschine schon längst die Schiffe geentert hatte – die ersten tauglichen Dampfschiffe tauchten um 1800 auf –, trugen diese doch meist noch immer Segel. Das lag zunächst mit am mangelnden Vertrauen in die Zuverlässigkeit der neuen Technik. Doch selbst im 20. Jh. gab es noch Dampf-Segelschiffe, nun aber aus wirtschaftlichen Gründen für bestimmte Transport- oder Fischereiaufgaben. Selbst heute überraschen Erfinder immer wieder mit Plänen für moderne Windkraft-Schiffe.

Besondere Aufmerksamkeit aber erregte der Ingenieur Anton Flettner mit seinem 1925 patentierten Antrieb. Den dabei genutzten Effekt hatte bereits 1852 der Physiker Gustav Magnus entdeckt, als er die Drehung von Geschossen auf ihrer Flugbahn untersuchte. Statt also nun Segel zu setzen, baute Flettner zwei senkrechte Zylinder auf das Versuchsschiff »Buckau«. Vom Wind angeströmt, rotieren diese und erzeugen eine Querkraft, die das Schiff treibt. Wäre diese Art zu segeln hundert Jahre früher erfunden worden, glauben manche, hätte das den Schiffsbau revolutioniert. So blieb es zunächst im Wesentlichen bei zwei Versuchsschiffen. Doch die Enthusiasten lassen nicht locker, und in den letzten Jahren gab es erneut Experimente mit dem Flettnerrotor.

Automaten ersetzen Menschen

Vorgänge lassen sich umso leichter automatisieren, je einförmiger sie verlaufen. Dass etwa beim Weben die immer gleichen Handgriffe wiederkehren, förderte sicher die Entstehung der im 17. Jh. aufgekommenen Idee, einen mechanischen Webstuhl zu bauen. Die dafür nötige Technik war verfügbar, die bekannten Wasserräder konnten als Antrieb dienen, genügend Abnehmer für Textilien gab es auch.
Den Webern freilich gefiel das nicht, fürchteten sie doch um ihre Existenz, und so machten sie sich Luft als Maschinenstürmer. Den Lauf der Dinge änderten sie damit nicht. Denn schon bald grübelte Jacques de Vaucanson, der bereits einige Automaten gebaut hatte, über einer automatischen Steuerung für diese Webmaschinen. Benutzt man dafür nämlich ein Programm, so lassen sich weitere menschliche Eingriffe sparen und vor allem auch Musterfehler durch ermüdete Arbeiter vermeiden. Seinen automatischen Musterwebstuhl schuf er 1745. 1805 perfektionierte ihn der französische Seidenweber Joseph-Marie Jacquard. Dazu erfand er Pappkarten mit Lochkombinationen, die von Nadeln abgetastet wurden; zu einem endlosen Band aneinandergehängt, bildeten sie das Programm, das die Maschine abzuarbeiten hatte.

Die Socke wirbelt um den Teller

Wo zunächst noch Handkurbeln dominierten, feierten bald die Motoren ihren Einstand: im Haushalt. Nehmen wir etwa die Waschmaschine! Schon ab 1780 gab es in England Versuche, das Waschen zu mechanisieren. Die meisten dieser Verfahren strebten danach, mit Walzenbrettern und Wringern die menschliche Hand möglichst genau zu imitieren. Allerdings wurde bereits 1782 auch die Idee patentiert, die Wäsche in einer drehbaren Trommel zu behandeln. Den Engländern liefen aber schon bald die Amerikaner den Rang bei Haushaltsmaschinen ab. Die Zylinder-Waschmaschine des James T. King

von 1851 markiert den Anfang der modernen Waschzeit. Doch obwohl knapp zwei Jahrzehnte später schon fast 2000 Patente für entsprechende Erfindungen erteilt waren, mussten die meisten Frauen auf die Erleichterung noch bis ins 20.Jh. hinein verzichten.
Auch ums Geschirr kümmerten sich die Erfinder schon recht früh, 1863 und 1865 liegen Patente zu Geschirrspülmaschinen in den USA vor. Nur wenig früher erfand James B. Francis die nach ihm benannte Turbine zur Stromerzeugung aus Wasserkraft, und er legte gründliche Untersuchungen zur Hydrodynamik vor. In der alltäglichen Praxis war erst 1910 ein Geschirrspüler auf der New Yorker Messe zu bewundern; er hatte noch eine Handkurbel wie auch die ersten Waschmaschinen. Im Zuge der weiteren Entwicklung wurden Elektromotoren als Antrieb genutzt.
Nicht so geläufig wird den meisten ein weiteres Ergebnis der amerikanischen Kombinationsgabe sein: die automatische, kombinierte Geschirrspül- und Waschmaschine von 1946. In nur anderthalb Minuten, pries der Hersteller, lassen sich die spezifischen Teile der Waschmaschine herausnehmen und durch das Zubehör für die Spülmaschine ersetzen.

Wohnen in Maschinen

Am Anfang des 20. Jh. setzte in der Architektur eine Sehweise ein, die Städte als gewaltige Maschinen begriff. Bombastische städtebauliche Entwürfe, etwa Tony Garniers 1917 veröffentlichtes Konzept einer »Cité industrielle«, verbanden sich damals mit Fortschritten in Richtung eines sozial engagierten Bauens. Interessant ist dabei, dass nun Stahlbeton zum bestimmenden Baustoff wird. Nur dieses Baumaterial erlaubt nämlich die gewaltigen Flächentragwerke, mit denen jene Zeit aufzutrumpfen weiß. Le Corbusier erfand 1914 das Dom-Ino-Haus und kam dank Stahlbeton zum freien Grundriss: Sein Prinzip – sechs Eisenbetonpfeiler tragen die durch eine Treppe verbundenen Geschossplatten – setzte er konsequent ein, um die Wohnungsnot nach dem Ersten Weltkrieg zu mildern.
Der Stahlbeton erlaubt rationelles Bauen. Häuser konnten nun binnen kurzer Zeit fertiggestellt werden (auch wenn man

manche abfällig als Wohnmaschinen titulierte). Die hehre Vorstellung, man solle an die Traditionen des »guten, alten« Handwerks anknüpfen, vernachlässigten selbst die am Bauhaus ausgebildeten Architekten: Auch sie gelangten rasch zu industriellen Fertigungsverfahren, galt es doch, den Mangel an Wohnungen zu bewältigen. Analog zu Fords T-Modell – billig dank Massenproduktion – entwickelte Walter Gropius in den 1920er-Jahren die Idee von »Wohn-Fords«, die ähnlich billig herzustellen, aber dank vorgefertigter und weit kombinierbarer Teile viel mehr Wahlmöglichkeiten lassen sollten. So hielten Funktionalismus und industrielles Design Einzug ins Bauhaus, zudem, wurden Stahl, Beton und Glas zu den herausragenden Baumaterialien dieser Strömungen.

Per Dampfrollschuh übers Trottoir

Wenn wir über die Lösungen auch lächeln mögen: Schon unsere Vorfahren rückten am Ende des 19. Jh. dem Verkehrsproblem zu Leibe. Eine eher kuriose Randerscheinung war dabei der Dampfrollschuh. Ernster zu nehmen war der rollende Bürgersteig, mit dem man den Sieg des Automobils über die Straßen der Städte zu verhindern hoffte. Der Rollsteig war 1893 auf der Weltausstellung in Chicago zu bewundern. Mit Geschwindigkeiten zwischen fünf und 15 Kilometern pro Stunde sollte er Menschen durch die Städte verschieben. Den Wettbewerb mit dem Auto verlor das rollende Trottoir zwar eindeutig. Doch in modernerer Form finden wir das Prinzip heute noch, so zum Beispiel in Messehallen und auf Flughäfen zur schnelleren Beförderung von Besuchern und Passagieren.

Und ewig dreht sich die Maschine

Vielleicht kein anderes Gedankenexperiment vermochte die Fantasie aller Erfindergenerationen derart zu entzünden wie das Perpetuum mobile, eine Maschine also, die sich ohne Zufuhr von Energie gleichsam immerfort bewegt und Arbeit verrichtet. Die Erfahrung lehrt schon: Man kann beispielsweise eine Kugel immer wieder auf einen Tisch fallen lassen,

sodass sich die Aufprallstelle erwärmt. Im umgekehrten Fall freilich wird eine auf dem Tisch liegende Kugel nicht in die Luft geschleudert, wenn man den Tisch erwärmt.
Es gibt also offenbar asymmetrische Vorgänge beim Übergang von mechanischer Energie zu Wärmeenergie und umgekehrt. Diese fundamentale Erfahrung drückt der Zweite Hauptsatz der Thermodynamik aus: Es ist unmöglich, Wärme vollständig in Arbeit zu verwandeln.
Genau deshalb aber ist auch ein Perpetuum mobile nicht konstruierbar. Es gibt keine Maschine, die sich ohne Energie von außen ewig dreht, also gleichsam Energie aus dem Nichts gewinnt. Trotzdem suchen sie bis heute verbissen danach, die Erfinder, obwohl sie um diesen Satz wohl wissen. Immerhin können sie dabei aus der Tasache Mut schöpfen, dass es sich um einen Erfahrungssatz handelt. Solche Axiome gelten nur so lange, bis jemand ein Gegenbeispiel findet; schon eine einzige Ausnahme bringt sie zu Fall.
Dieser Umstand heizt den Ehrgeiz gewiss gleich doppelt an: Jeder möchte gern der eine sein, dem dank eines ausgeklügelten Maschinchens diese Ausnahme glückt. Und hat nicht sogar der große Leonardo da Vinci nach der ewigen Bewegung gesucht?

Da stieß die Magd den Herren bitter auf

Einen regelrechten Boom erlebte das Perpetuum mobile im 17. und 18. Jh. Von fürstlichen Belohnungen und der Leichtgläubigkeit vieler adliger Herren angelockt, befassten sich damals neben ernsthaften Forschern auch viele Scharlatane mit der Materie.
Großes Aufsehen erregte das Rad von Kassel, welches sich ununterbrochen vom 2. November 1717 bis zum 4. Januar 1718 drehte. Als Erfinder sonnte sich Johann Ernst Elias Bessler, auch Orffyreus genannt, in der Gunst des Landgrafen Karl von Hessen-Kassel. Dieser nämlich bezeugte ihm in salbungsvollen, doch faktenarmen Worten die Echtheit der Erfindung. Der um fachkundige Meinung gebetene Physiker Wilhelm Jakob Graevesande schränkte in seinem Bericht an den früheren Lehrer Isaac Newton zwar ein, das Innere der Radachse nicht

gesehen zu haben, er glaube aber dennoch an die Echtheit dieses Perpetuum mobile.

Die natürlich vorhandenen Skeptiker wurden gewiss in ihrer Haltung bestärkt durch die hartnäckige Weigerung Orffyreus', auch nur einem der zahlreichen Kaufangebote näherzutreten. Eine Dienstmagd deckte den Betrug schließlich mit ihrem Geständnis auf, das Rad sei vom Nebenraum aus gedreht worden, wobei sich die Magd mit Orffyreus sowie dessen Bruder und Frau abgewechselt habe. Doch hatte dieses Geständnis keine Folgen, sei es, dass der Landgraf weiter an das Perpetuum mobile glaubte, sei es, dass er seine Blamage nicht öffentlich machen wollte. Wortreich wand sich Graevesande zu der Haltung durch, die Dienstmagd lüge.

Als der Landgraf 1730 gestorben war, wurde der Fall untersucht und Orffyreus kurzzeitig inhaftiert. Später verlief die Sache im Sande. Orffyreus erfand zwar weitere Dinge, etwa eine selbstspielende Orgel und ein U-Boot, verstarb aber dennoch völlig mittellos. Nie geklärt wurde übrigens, welcher Mechanismus das Rad vom Nebenzimmer aus angetrieben hatte.

Auf den Dreh mit dem Perpetuum mobile war Orffyreus übrigens durch ein Gerät gekommen, das schon Leonardo da Vinci in einer Zeichnung festhielt und das er irgendwo auf seinen Reisen in Betrieb gesehen hatte: einen Bratspieß, der sich scheinbar von alleine drehte, in Wirklichkeit aber von der über dem Feuer aufsteigenden heißen Luft angetrieben wurde.

So beiläufig erfunden

Pannen und Glücksfälle

Von nichts kommt nichts. Diese Erkenntnis gilt natürlich auch in der Welt der Erfinder, wenngleich gelegentlich auch einmal ein blindes Huhn ein Korn zu finden vermag. Meist aber helfen Zufälle jenen auf die Sprünge, die sich schon länger in ein bestimmtes Problem verbissen haben. Nikolaus August Otto, Wilhelm Conrad Röntgen, Alexander Fleming, James Hargreaves und Charles Goodyear könnten ein Lied davon singen!

Ich hab's!

Was auch immer damals in Syrakus genau passiert sein mag – die auf uns gekommene Geschichte ist so schön, dass man sie auf jeden Fall hätte erfinden müssen, wenn sie sich nicht wirklich so zugetragen haben sollte. Denn sie schenkte der Welt ein geflügeltes Wort, das sich schon längst von seinem Ursprung abgenabelt hat und heute für Geistesblitze ganz allgemein steht: Heureka! Ich habe es gefunden!

Als Stammvater des entzückten Ausrufs gilt der griechische Gelehrte und Erfinder Archimedes. Dem nämlich hatte sein König Hieron eine harte Nuss zu knacken gegeben: Hieron argwöhnte, bei der Anfertigung seiner Königskrone habe ein Handwerker Silber unter das Gold legiert, um sich zu bereichern. Archimedes solle nun den Goldgehalt der Königskrone feststellen, ohne diese jedoch zu zerstören.

Die Legende erzählt nun, der zündende Geistesblitz sei gerade zu dem Zeitpunkt in Archimedes gefahren, als dieser in der Badewanne gesessen habe; die Beobachtung, wie sein eigener Körper beim Eintauchen Wasser verdrängte, habe ihn auf den richtigen Weg geführt. Denn das Volumen des verdrängten Wassers muss ja gerade dem des eingetauchten Körpers entsprechen. Nun ist aber Gold viel schwerer als Silber, ein gleich großer Würfel wiegt fast doppelt so viel. Also nimmt ein goldener Gegenstand gleichen Gewichts viel weniger Raum ein als ein silberner. Wenn also der Goldschmied seinen König tatsächlich betrogen haben sollte, musste diese Krone zwangsläufig mehr Wasser verdrängen, als sie eigentlich dürfte.

Und tatsächlich: Als Archimedes im Beisein des Königs die Probe aufs Exempel machte, brachte die Krone zu viel Wasser zum Überlaufen. Sie konnte also nicht aus reinem Gold sein, der König hatte allen Grund für seine dunkle Ahnung gehabt!

Ein luftiger Barbier

Wenn es um Körperpflege oder um Schönheit geht, spielt der Zufall beim (Er-) Finden von Neuem eine nicht gerade geringe Rolle. Vermutlich entdeckte man zu Anfang sogar die meisten

Mittel für die Körperhygiene zufällig. Und selbst in der Moderne gibt es da noch manche Überraschung.

Eher selten dürfte es dagegen sein, wenn jemand im Frisiersalon gleich eine neue technische Disziplin entwirft. Genau das aber gelang im 3. Jh. n. Chr. Ktesibios. Sein Vater betrieb in Alexandria eine Barbierstube, und Ktesibios wollte eines Tages im Laden seines Vaters einen Spiegel aufhängen. Doch da er regelrecht vernarrt in mechanische Dinge war, wollte er den Spiegel nicht einfach so an der Wand befestigen. Nein! Er wollte den Spiegel über eine Schnur mit einem Gegengewicht verbinden, um das Hochschieben des zuvor heruntergezogenen Spiegels komfortabler zu gestalten.

Dazu brachte er an Decke und Wand Röhren an, in denen eine Schnur mit einer Bleikugel lief. Seine Beobachtung, dass die schnell bewegte Bleikugel in der engen Röhre die Luft zusammenpresste, markierte den Beginn der Pneumatik, eines mittlerweile bedeutenden Technikzweigs, der sich mit der Anwendung von Druck- und Saugluft als Energieträger für Arbeitsprozesse, Steuerungen und Regelungen befasst und weite Anwendung in der Technik findet.

Der Blick in die Tiefe und Weite

Manchmal bricht erst der Zufall dem theoretisch schon lange Bekannten Bahn. So war es auch beim Fernrohr. Die erste Beschreibung eines solchen Instruments finden wir bereits um 1250 in den optischen Studien des Roger Bacon. Doch bauen konnte er es noch nicht, das gelang erst dem niederländischen Brillenmacher Jan Lippershey, der freilich Bacons Schrift gar nicht kannte. Das Fernrohr erfand er um 1608 vielmehr durch Zufall, als er eine konvexe und eine konkave Linse genau hintereinander im Strahlengang des Lichtes hatte und ferne Dinge plötzlich ganz aus der Nähe sah. Daraufhin setzte er solche Linsen in einen schmalen Zylinder ein und hatte so das erste Fernrohr gebaut.

1590 bauten Hans Janssen und sein Sohn Zacharias, beide ebenfalls niederländische Brillenmacher, das erste zusammengesetzte Mikroskop. Auch hier war die Tür zu neuen Welten aufgestoßen, diesmal nun aber in den Mikrokosmos, hin zu den bislang verborgenen kleinen Dingen. Ein besseres Instrument in der noch heute gebräuchlichen Form schuf dann 1665 der englische Physiker Robert Hooke. Der geschärfte Blick in vorher unerreichbare Tiefen räumte mit manchen falschen Vorstellungen auf und verschaffte vor allem den Ärzten ganz neue Einsichten.

Die rasche Verbreitung solcher Instrumente in Europa lässt erahnen, wie groß die Sehnsucht nach neuen Welten damals gewesen sein muss. Sie erschlossen dem suchenden Geist neue Räume und trugen dadurch zum Umsturz der alten Weltbilder bei.

Chemikalien zünden Funken

Auch wenn manche Erfinder zur Haarspalterei neigen, so verdienen doch nur wenige damit auch Geld. Der Amerikaner Garret Morgan, auch sonst um gute Ideen nicht verlegen, gehörte gewiss zu ihnen. Der Erfolg wurde ihm sogar oftmals doppelt schwer gemacht, war er doch ein Schwarzer, Sohn eines befreiten Sklaven.

Was das heißt, musste er bei seiner wichtigsten Erfindung feststellen, einem Atemgerät, das er 1914 patentieren ließ und dann in einer eigenen Firma herstellte. Die Idee dazu war ihm eher spielerisch gekommen, als er 1912 mit Chemikalien Versuche angestellt hatte. Was dann herauskam, war ein Helm mit zwei Schläuchen, die zu einem Luftbehälter auf dem Rücken führten, der genügend Sauerstoff für 20 Minuten und Schutz gegen Rauch bot. Die Bewährungsprobe kam schon 1916, als eine Explosion Arbeiter in einem Tunnel einschloss; mit Hilfe der Haube holten die Retter 32 Menschen aus den Dämpfen heraus. Das förderte den Absatz dieses Atemgeräts ungemein; doch als Morgans Identität als Schwarzer gelüftet wurde, brach der Absatz sofort ein.

Ach ja, die Haare! Als Morgan sich damit beschäftigte, Chemikalien auf ihre Eignung als Metallpolitur für Nähnadeln zu testen, fand er zufällig ein Mittel, mit dem sich krause Haare trefflich glätten ließen. Es entpuppte sich als Longseller, und seine Firma verkaufte es viele Jahrzehnte lang.

Locken auf Glatzen drehen

Haarlose Schädel sind meist nicht gerade der letzte modische Schrei. Entsprechend lang ist die Liste der Mittel, mit denen ernsthafte Erfinder und Scharlatane Abhilfe versprachen. Vielleicht fanden ja aber Forscher am Max-Planck-Institut für Immunbiologie in Freiburg eine Lösung. Bei der Beschäftigung mit der Frage, wie das menschliche Immunsystem arbeitet, experimentierten sie auch mit Mäusen, die völlig unbehaart sind. So gelang ihnen, gleichsam als Nebeneffekt, die Entdeckung jenes Gens, das den Haarwuchs steuert.
Die Wissenschaftler wissen inzwischen so viel über die genetischen Bedingungen der Haarbildung, dass sie an eine Verwertung denken. Noch weiter als bei der Stimulierung des Haarwuchses sind sie übrigens bei dessen Hemmung. Für beide Fälle aber, wenn jemand lockige Pracht erreichen oder zu üppig sprießendes Haar loswerden möchte, könnten schon bald wirksame Cremes das Mittel der Wahl sein. Sie müssten nur die richtigen Proteine enthalten, die nach dem Auftragen in die Haut eindringen und an den Haarwurzeln die gewünschte Wirkung hervorrufen.

Da war die Seife ganz gerührt

Das plötzliche Interesse der Kundschaft an einer bestimmten Seife löste in der Chefetage von Procter & Gamble zwar durchaus Freude aus. Den Grund hätte man aber doch gern gekannt. Denn das neueste Produkt sollte gewiss mit Raffinesse überzeugen, aber auch noch gleich schwimmen? Genau die Eigenschaft aber hatte es den Käufern besonders angetan, die offenbar genervt waren von der ständigen Suche nach dem Seifenstück im Badewasser.
Was war geschehen? Während der Fertigung hatte man weiße Seife in einem Bottich gerührt, die Maschinen aber zu lange laufen lassen. Die Masse hatte man dann ganz normal weiterverarbeitet. Durch das überlange Rühren hatte die Masse aber viel mehr Luft aufgenommen als gewöhnlich: Aus diesem Grund gingen die Seifenriegel aus dieser Serie im Wasser der Badewanne dann nicht mehr unter.

Da die Kundschaft aber offenbar ganz wild auf das »Pannenprodukt« war und es erst deswegen überhaupt zum Renner machte, fertigte man diese Seife nun immer auf diese Weise an. Und weil sie auch noch einen edlen Namen brauchte, hieß sie ab sofort: Ivory. Denn was liegt schon näher, als weiße schwimmende Seifenstücke mit Elfenbein zu vergleichen.

Die Chefs zeigten sich nicht zerknittert

Das Geschäft der Brüder Edward Irvin und Clarence W. Scott lief prächtig. Die beiden hatten 1879 eine Fabrik gegründet, in der sie Toilettenpapier herstellten und in kleinen Rollen verkauften. Die Weichheit des Scott-Papiers war das besondere Verkaufsargument. Da passierte ein Malheur, das die cleveren Verkäufer aber flugs in einen Glücksfall umfunktionierten. Eines Tages erwiesen sich die von der Papierfabrik gelieferten großen Papierrollen, aus denen man das Toilettenpapier fertigte, als völlig unbrauchbar: Das Papier war schwer und völlig verknittert. Was tun? Die ganze Ladung zurückschicken? Stattdessen schlug jemand vor, diese Rollen so zu schneiden und zu perforieren, dass die abgerissenen Stücke etwa die Größe von Handtüchern hätten. Gesagt, getan! Die anfängliche Panne entpuppte sich, zunächst vor allem in Hotels, als Riesenerfolg. Als die Preise ein Vierteljahrhundert später stark sanken, fanden die im Jahr 1907 »erfundenen« Papierhandtücher mehr und mehr auch in die privaten Haushalte Eingang.

Papier statt Seide statt Blech

Genau genommen sind wir ganz schön auf den Hund gekommen mit unseren schnöden Teebeuteln aus Papier. Da ging es anfangs doch edler zu! Als Importeur von Tee sandte der Amerikaner Thomas Sullivan seinen Kunden auch Proben zu, die er meist in kleinen, ziemlich teuren Blechdosen verpackte. Um Kosten zu sparen, begann er 1904, die Teepröbchen in kleine Beutel aus Seide zu füllen. Da hatte er die Rechnung aber ohne die Beglückten gemacht, die seine Absicht völlig falsch deuteten. Denn sie nahmen den Tee erst gar nicht aus den Säckchen, sondern gossen das heiße Wasser gleich über die Sendung. Wer sollte also in den Annalen als Erfinder des Teebeutels geführt werden – Sullivan oder seine Kunden?

Explosives Kunstprodukt

Als Erfinder der Kunstseide gilt gemeinhin Hilaire de Chardonnet. Chardonnet war mit Seidenraupen in Berührung gekommen, als die Seidenfabrikanten in Lyon wegen einer epidemieartigen Erkrankung ihrer tierischen »Lieferanten« ernsthafte Probleme bekamen und ihn um Hilfe angingen. Die Fähigkeit der Raupen, seidene Fäden zu spinnen, faszinierte Chardonnet so sehr, dass er diese Kunst unbedingt nachahmen wollte. Während eines seiner zahlreichen Experimente soll er beim Beschichten von Fotoplatten eine Flasche Kollodium zerbrochen haben; ohne sich weiter um dieses Missgeschick zu kümmern, habe er die Dunkelkammer verlassen und bei seiner Rückkehr die Flüssigkeit zu einer klebrigen Substanz verändert gefunden. Als er diese habe entfernen wollen und mit einem Lappen daran gerieben habe, habe die Masse lange, dünne Fäden gezogen: »Seidenfäden« eben!
Gelegentlich liest man es aber auch anders. Danach soll Chardonnet von den Lyoner Seidenproduzenten direkt den Auftrag erhalten haben, das Geheimnis der Seidenraupen zu ergründen und, wenn möglich, diesen Prozess technisch nachzuahmen. Er habe sich nun aber gerade nicht blind in aufwendige Versuchsreihen gestürzt, sondern zunächst einmal die wissenschaftliche Literatur studiert. Zumindest zwei Forscher hatten es ihm angetan: Der Baseler Christian Friedrich Schönbein, welcher per Zufall im 19. Jh. die Schießbaumwolle entdeckte, und der Engländer Joseph Wilson Swan, welcher auf der Suche nach einem langlebigen Glühfaden mit Cellulosenitratfäden experimentiert hatte (fast gleichzeitig mit Thomas Alva Edison entwickelte er dann eine Glühlampe).
Wie auch immer: Chardonnet konstruierte verschiedene Apparate, erlebte aber immer wieder Fehlschläge. Endlich fand er ein Verfahren, Cellulosenitrat in rotierenden Kesseln zu lösen, das er anschließend durch kleine Öffnungen in dünnen Fäden in ein Wasserbad presste. Diese glänzten wie

Naturseide, waren ähnlich fest und ließen sich gut verspinnen. Leider aber war die explosive Natur des Ausgangsmaterials noch nicht ganz gebändigt, weshalb das Tragen der feuergefährlichen Kleider aus Kunstseide zunächst noch zum Wagnis werden konnte. Chardonnet meldete seine Methode 1884 zum Patent an. Auf der Pariser Weltausstellung von 1889 feierte die Kunstseide wahre Triumphe und wurde unter seinem Namen fortan weltweit ein Begriff.

Gut gehaftet ist halb gemerkt

»Ideen sind wie deine Kinder«, griff Erfinder Art Fry einmal zu einem drastischen Vergleich, »du schaust deine eigenen an und findest sie wunderbar. Jemand anderes sieht sie, und sie erscheinen ihm wie kleine Rabauken.« Er weiß, wovon er spricht, denn am Anfang war sein geistiges Kind, die Haftnotiz, weit entfernt vom heutigen Kultprodukt. Wenn das amerikanische Magazin »Fortune« sie gar unter die 99 wichtigsten Erfindungen des 20. Jh. einreiht, dann scheinen zumindest die Marketingexperten des eigenen Hauses anfangs da ganz anderer Meinung gewesen zu sein.

Vielleicht lag das ja daran, dass Fry in alten Dingen wühlte, die man in der amerikanischen Firma 3M schon längst als Misserfolg abgehakt hatte. Denn Fry griff bei seinem Geistesblitz auf eine Erfindung zurück, die ein gewisser Spencer Silver schon Jahre zuvor im gleichen Unternehmen gemacht hatte: einen Kleber, der zwar stark anhaftete, aber ganz leicht wieder zu entfernen war. Genau an den erinnerte sich Fry an jenem Sonntag des Jahres 1974, als er wieder einmal – wie gewöhnlich – während des Gottesdienstes mit den leidigen Zettelchen kämpfte, die er zum schnellen Auffinden der Lieder in seinem Gesangbuch hatte und die doch nur immer beim Blättern herausfielen. Von da ab waren aber noch viele Testserien nötig, bis Fry dann endlich die heutige Form – Klebstoff auf Notizpapier – gefunden hatte.

In diesem Stadium kam dann auch noch Frys Vorgesetzter Bob Molenda kreativ ins Spiel. Als Fry ihm Akten, mit einem seiner Merkzettel beklebt, zusandte und dieser ihm die Antworten, auf andere Papiere geklebt, zurückschickte, erkannten beide das Potenzial dieser Erfindung. Auch die Marketingleute zeigten sich schließlich gnädig und stimmten 1977 wenigstens einem Versuch zu: Bis 1990 hatten sich die Haftnotizen auf den fünften Rang der meistverkauften Büroartikel der USA vorgearbeitet.

Nur nichts anbrennen lassen

Schon Christoph Kolumbus beglückte uns Europäer mit einem neuen Stoff, der später Karriere machen sollte: Die Indianer in Amerika hatten ihm Kautschukbälle gegeben, die er über den Großen Teich mit in die Heimat brachte. Hier wusste man mit ihnen freilich nichts Rechtes anzufangen, da Rohkautschuk bei niedrigen Temperaturen recht spröde ist und bei etwas höheren schrecklich klebt.

Gut drei Jahrhunderte später sollte sich dies ändern, nun aber wieder auf einem Schauplatz jenseits des Atlantiks. Der Held heißt jetzt Charles Goodyear. An bürgerlichen Vorstellungen gemessen war Goodyear ein Versager: Pleiten pflasterten seinen Weg und brachten ihn sogar mehrfach ins Schuldgefängnis. Der Stoff seiner Träume nahm ihn 1834 gefangen, als er mit einer gummierten Schwimmweste hantierte. Denn man brachte damals den Gummi durchaus schon auf Gewebe auf, um Kleidung wasserdicht zu machen. Goodyear kochte und mischte fortan Kautschuk, um ihm die lästigen Eigenschaften auszutreiben. Aber nichts als Misserfolge erntete er, seine wirtschaftliche Lage wurde immer trostloser.

Erst eine Unachtsamkeit führte ihn 1839 ans Ziel. Wieder einmal kochte er Kautschuk und mischte ihn mit Schwefel. Einige Tropfen der Massen kleckerten auf den heißen Herd. Als Goodyear später den Fladen entfernen wollte, zeigte der sich durchaus nicht klebrig, sondern elastisch, sogar in der Kälte. Durch Zufall war Goodyear auf das Vulkanisieren gestoßen.

In den fünf Jahren, in denen er das Verfahren perfektionierte, wuchs der Schuldenberg allerdings weiter an. Auch das Patent, das er schließlich erhielt, war nur ein mäßiger Schutz. Er brillierte zwar auf den Weltausstellungen in London 1851 und dann 1855 in Paris, doch selbst danach mussten ihm Auszeichnungen manchmal noch ins Schuldgefängnis nachgetragen werden. Goodyear selbst hinterließ bei seinem Tod 1860 mehrere hunderttausend Dollar Schulden. Doch wenigstens seine Nachkommen brachten es dann zu Reichtum, allen Widrigkeiten zum Trotz.

Zum Abendessen einen Knall

Vorsicht mit Chemikalien! Was heute schon jedem Kind eingebläut wird, scheint manchem Pionier in der Geschichte chemischer Entdeckungen ziemlich gleichgültig gewesen zu sein. Christian Friedrich Schönbein interessierte sich für Cellulose, einen wesentlichen Bestandteil von Pflanzenzellen. Er experimentierte 1845 in Basel mit einem Gemisch aus Salpeter- und Schwefelsäure, um Cellulose darzustellen. Dieses testete er an verschiedenen organischen Materialien, unter anderem an Baumwollfasern. Da er keine Veränderung an ihnen feststellen konnte, legte er sie sorglos beiseite, auf den Ofen zum Trocknen.

Das anschließende Abendessen konnte er freilich nicht mehr genießen, rief ihn doch bald schon ein lauter Knall zurück ins Labor. Der Ofen mitsamt der Baumwolle war explodiert. Dank dieses »Unglücks« durfte sich Schönbein nun als Erfinder der Schießbaumwolle betrachten, chemisch auch Trinitrocellulose genannt. Nach längererrn Forschungen fand er später auch die weniger explosive Dinitrocellulose.

Man kann Schönbein daher mit einigem Recht als Vater gleich zweier wichtiger Zweige der modernen Chemie verstehen. Während nämlich von der Schießbaumwolle eine direkte Linie bis zum Dynamit Alfred Nobels führt, war die Kollodiumwolle ein Wegweiser für die gesamte Chemie der Kunststoffe. Sie bestätigte die damals schon hundert Jahre alte Prognose des Franzosen Réaumur, eines Tages würden sich aus Firnissen Fäden ziehen und zu Geweben verarbeiten lassen, von großem Glanz und Festigkeit.

Auf glatten Gerüchten rutscht man gern

Es gibt Gerüchte, die haben vermutlich Bestand bis hinaus übers Ende der Welt. Das von der Teflonpfanne als einem

Abfallprodukt der Weltraumfahrt gehört ganz gewiss dazu. Denn die Geschichte stimmt noch nicht einmal für das beschichtete Pfannenwunder selbst, vom Überzug ganz zu schweigen.

Um mit diesem zu beginnen, dürfen wir einmal mehr dem Erfinder Zufall über die Schulter schauen. Denn der Chemiker Roy Plunkett hatte nun wirklich kein Beschichtungsmaterial im Sinn, sondern suchte für die amerikanische Firma Du Pont nach neuen Kühlmitteln für Kühlschränke, die nicht brennbar und auch nicht giftig sein sollten. Das Ergebnis der Arbeit eines Tages im Jahre 1938 gaben er und sein Assistent Jack Rebok in ein Glasgefäß und lagerten es über Nacht auf Trockeneis.

Am nächsten Tag präsentierte sich der Behälter auf den ersten Blick leer. Doch genauerer Augenschein zeigte eine dünne Schicht, in der sich das Gas an der Gefäßwand niedergeschlagen hatte. Offensichtlich war das gasförmige Tetrafluorethylen zu einem Feststoff polymerisiert, der sich bei genaueren Analysen als sehr widerstandsfähig zeigte, sowohl gegen Säuren und Lösungsmittel als auch bei hohen und tiefen Temperaturen. Und es hatte den kleinsten Reibungskoeffizienten, der von einem Körper bekannt war: Der Stoff war ganz glatt.

Für das außergewöhnliche Material fand sich zunächst allerdings keine Anwendungsmöglichkeit, zumal die Herstellung nicht gerade billig war. Erst Amerikas gigantisches Geheimprojekt der vierziger Jahre, das Manhattan-Projekt zum Bau der Atombombe, entdeckte den Stoff als Schutzschicht gegen aggressive Stoffe wieder, die bei der Erzeugung des spaltbaren Urans zum Einsatz kamen. Aber diese Erkenntnis musste geheim bleiben, sodass die Substanz erst 1948 auf dem Markt verfügbar war.

Was nun aber die Pfanne betrifft, so tat sich hier französischer Erfindergeist hervor. Als Marc Grégoire, Präsident der Firma Tefal, den Kunststoff Anfang der fünfziger Jahre als Beschichtung für Aluminium kennenlernte, hatte er zunächst nur seine Angelleidenschaft im Sinn: Er behandelte damit seine Angel, damit die Angelschnur besser lief. Seiner Frau dagegen kamen gleich ganz andere Ideen; sie meinte, damit solle man doch das Innere von Töpfen und Pfannen beschichten, damit das leidige Problem des Anhängens endlich Vergangenheit sei. Man machte erst einmal mit dem eigenen Hausrat Versuche, doch schon wenige Jahre später waren in Frankreich mehr als eine Million Teflonpfannen verkauft.

Als die Spindel hurtig tanzte

Ein Preis von 50 Pfund, ausgelobt 1761, ließ den englischen Weber James Hargreaves über einem Problem grübeln. Als nämlich einmal seine Tochter versehentlich das Spinnrad umwarf, sah er, dass die Spindel sich am Boden noch einen Moment lang drehte und dabei den Faden weiterspann. Das gab ihm zu denken und er suchte nun nach einer Möglichkeit, mehrere Spindeln gleichzeitig so anzutreiben, dass sie während ihrer Umdrehungen das Garn heranziehen und aufspulen.

Das Gerät, das er dann 1764 entwickelt hatte, musste zwar wie ein Spinnrad von Hand angetrieben werden. Doch die Antriebsschnur hatte er so ausgeklügelt angeordnet, dass sie zugleich acht Spindeln in Umdrehung setzte, kurze Zeit später sogar sechzehn. Sie konnte daher von einer Person alleine betrieben werden. Nach seiner Tochter, die ihm ja erst den zündenden Gedanken geliefert hatte, nannte er die Wagenspinnmaschine »Spinning Jenny«.

Das Preisgeld erhielt Hargreaves zwar, doch sonst erging es ihm nicht besser als zuvor schon John Kay: Der hatte 1733 das fliegende Weberschiffchen erfunden, den Schnellschützen also, mit dem in der halben Zeit die doppelte Menge Stoff zu weben war. Erboste Weber, die um ihre Arbeitsplätze fürchteten, zerstörten auch Richard Arkwrights 1769 patentierte Spinnmaschine. In Nottingham fand Hargreaves zwar einen Finanzier, und ein Patent erhielt seine Spinnmaschine schließlich auch. Doch die Prozesse zermürbten ihn, und er starb völlig verarmt.

Als die Spinning Jenny, mittlerweile mit über hundert Spindeln versehen, ab 1780 auch in anderen europäischen Ländern nachgebaut wurde, war ihr Erfinder in England schon beinahe vergessen. Und neuere Maschinen, die noch schneller produzieren konnten, rückten dort gerade an ihre Stelle.

Flammende Grüße von Lucifer

Schon in grauer Vorzeit entdeckten die Menschen sicher durch Zufall, dass sie durch Aneianderreiben geeigneter Hölzer den begehrten Feuerfunken hervorbringen konnten. Und als es dann sehr viel später beim Engländer John Walker funkte, war wieder der Zufall im Spiel. Wobei er, um die Geschichte noch kurioser zu machen, etwas erfand, was eigentlich schon erfunden und nur wieder in Vergessenheit geraten war. Erstaunlich bei einem so praktischen Gegenstand wie dem Zündholz?

Tatsächlich hatten sich immer wieder Erfinder an einfachen Arten des Feuermachens versucht. Doch erst Robert Boyle kam 1680 zu einem befriedigenden Ergebnis. Er versah ein Stück festes Papier mit einem dünnen Phosphorüberzug. Dann zog er einen mit Schwefelköpfchen versehenen Holzspan durch das gefalzte Papier, und die Reibung des Schwefels am Phosphor entzündete den Span. Doch Phosphor war rar und teuer, und so blieben die Streichhölzer ein Zwischenspiel. Die Begüterten mussten ihr Feuer ja auch nicht selbst anfachen.

1817 präsentierte dann ein französischer Chemiker im Professorenkreis sein Zündholz: Das mit Phosphor präparierte Papier verwahrte er in einem evakuierten Glasgefäß; als er das Gefäß zerbrach, kam Luft an das Papier und entzündete es leicht, doch die ganze Pracht war rasch vorbei. Da blieb das Volk doch lieber bei Lunte und Feuerstein, wenn es von dieser gelehrten Vorführung denn überhaupt erfahren hatte.

Richtig spannend wurde es aber dann, als der Chemiker Walker 1826 mit Sprengstoffen hantierte. Dabei rührte er mit einem Stöckchen in einer Brühe herum. Am Holz bildete sich ein Tropfen und trocknete an. Um diesen wieder zu entfernen, zog Walker das Stäbchen rasch über den Boden. Und schon entzündete es sich, der Zufall hatte das eigentlich schon bekannte Streichholz erneut geboren. Doch welch epochales Potenzial in dieser Entdeckung steckte, war auch Walker offenbar nicht klar. Denn die paar Hölzer, die er später anfertigte, verwendete er wiederum nur für Schaueffekte. Die sah dann auch Samuel Jones, und er endlich roch das Geschäft.

Also begann er, Streichhölzer zu produzieren – Walker hatte seine Erfindung nicht patentieren lassen –, und brachte sie unter dem Namen »Lucifers« unters Volk.

Otto fällt der Motor zu

Natürlich erfindet man so komplexe Maschinen wie einen Motor nicht einfach nebenbei. Aber ein spielerischer Zufall kann manchmal schon der entscheidende Wegweiser sein. So wie bei Nikolaus August Otto, nach dessen technischer Partitur bis heute ein großer Teil der automobilen Welt taktet.
Mitte des 19. Jh. tüftelten viele an neuen Kraftmaschinen, aber die meisten Ergebnisse waren nicht sehr befriedigend. Das fand auch Otto, übrigens ein Autodidakt in Sachen Ingenieurskunst, nachdem er eine Beschreibung der Gasmaschine des Franzosen Jean Joseph-Etienne Lenoir studiert hatte. Dieser Verbrennungsmotor vermied zwar bereits einige Schwächen der Dampfmaschine, des Arbeitstiers der industriellen Revolution, hatte dafür aber nicht zu übersehende eigene Mängel. Zunächst versuchte Otto, mit anderen Treibstoffen die starke Überhitzung zu vermeiden und den Wirkungsgrad zu erhöhen, doch ohne Erfolg.
Als er dann doch bei einem der zahllosen Versuche wieder das gängige Leuchtgas in den Zylinder strömen ließ, schloss er absichtslos und in Gedanken verloren das Auslassventil. Zugleich begann er spielerisch am Schwungrad zu drehen und war mit einem Schlag hellwach: Denn der ansteigende Widerstand zeigte ihm, dass das angesaugte Gas-Luft-Gemisch dabei verdichtet wurde. Als er dieses dann entzündete, drückte es den Kolben mit Macht nach oben. Mit seinem Zufallsexperiment hatte Otto erkannt, was im Grunde auch schon in den Formeln der Thermodynamiker an Wissen steckte: Ein verdichtetes Gas-Luft-Gemisch leistet mehr Arbeit, es verbraucht weniger Gas und führt dennoch zu einem besseren Wirkungsgrad.
Doch damit war das Spiel noch nicht gewonnen. Otto hatte nunmehr den entscheidenden Einfall: Wenn man statt eines Zylinders mehrere nimmt, so müsste doch auch dem ärgerlich ruckartigen Betrieb noch beizukommen sein. So erfand er

schließlich das Prinzip seines Ottomotors, vier Kolben im richtigen Takt von Ansaugen, Verdichten, Ausdehnen und Ausstoßen sausen zu lassen.

Verschimmeltes Obst begeistert Forscher

Selbst leichtere Verletzungen waren früher oft tödlich, weil man die nachfolgende Blutvergiftung nicht in den Griff bekam. Diese Erfahrung hatte der Schotte Alexander Fleming aus dem Ersten Weltkrieg noch in Erinnerung, als er 1928 an Staphylococcus-Kulturen arbeitete, infektiösen Bakterien. Einige der Kulturschalen erwiesen sich als verdorben, durch falsche Aufbewahrung verschimmelt. Fleming wollte sie schon vernichten, als er sie sich dann doch etwas genauer besah. Dabei bemerkte er um die vom Schimmel befallenen Stellen herum Bereiche, in denen viel weniger Bakterien waren als sonst im Gefäß. Sollte das etwa an den Pilzen liegen?

Flemings systematische Tests ergaben: Von den vielen tausend Pilzen waren es gerade Vertreter der Gattung Penicillium, die seine Kulturen verderben konnten, und auch unter deren rund 650 Arten machten die wenigsten den Bakterien wirksam den Garaus. Damit hatte Fleming zwar durch Zufall eine epochale Entdeckung gemacht, doch er kam nicht weiter. Den noch immer unbekannten Wirkstoff Penicillin, wie er ihn nannte, vermochte er nämlich nicht zu isolieren. Und so wuchs erst einmal Gras über die Sache.

Etwa zehn Jahre später machten sich zwei andere Wissenschaftler auf die Suche nach Substanzen, die Bakterien zerstören können, Howard Florey und Ernst Chain. Dabei verwendeten sie auch alte Proben Flemings. Ihnen gelang es nun, Penicillin aus dem Schimmel zu isolieren. Erster Patient war übrigens ein Polizist mit Blutvergiftung, der zwar auf das Mittel ansprach, aber nach fünf Tagen starb, als das Penicillin aufgebraucht war. Da das Züchten der Schimmelpilze ein langwieriger Prozess war, kam es rasch zu Engpässen in der Produktion.

Zur industriellen Reife entwickelten schließlich die Amerikaner die Erfindung, wobei noch einmal der Zufall assistierte. Forscher holten täglich von den Märkten, was an verschimmelter Ware zu bekommen war, um darauf nach neuen Pilzen zu suchen. Unter all dem »Abfall« war auch jene Melone, auf der sie schließlich einen besonders »fleißigen« Schimmelpilz fanden. Ab 1943 kam das Medikament dann großflächig zum Einsatz, vor allem bei den vielen Verwundeten des Zweiten Weltkriegs. Fleming, Chain und Florey aber erhielten 1945 für ihre Leistung den Nobelpreis für Physiologie und Medizin.

Mit Popcorn nach Kollegen zielen

Allen Innovationen zum Trotz musste die Menschheit bis ins 20. Jh. warten, um sich einer völlig neuen Art des Garens erfreuen zu dürfen. Und wäre da nicht jener dumme Zufall mit der Schokolade gewesen, wer weiß?

Denn Percy Spencer dachte gar nicht ans Kochen, als er 1946 mit Mikrowellen arbeitete. Das diese erzeugende Gerät hatten schon 1940 die Engländer John Randall und H. A. Boot erfunden, als sie die heimische Radarabwehr im Kampf mit dem deutschen Gegner des Zweiten Weltkriegs zu verbessern suchten. Spencer nun aber fand nach Kontakt mit Mikrowellen beim Griff in die Tasche seines Laborkittels ein Stück Schokolade zu unansehnlicher Masse geschmolzen. Rasch kam er auf die richtige Spur, da er um die Wärme erzeugende Wirkung der Mikrowellen wusste, und machte die Probe aufs Exempel. Dazu verteilte er Maiskörner um die Lauffeldröhre, die rasch zu Popcorn mutierten. Dann versuchte er es mit Eiern und erkannte, dass die Wellen im Inneren der bestrahlten Gegenstände Hitze erzeugen, Speisen also gewissermaßen von innen her erwärmen und garen.

Die Firma Raytheon, der er angehörte, machte sich nun flugs an die Entwicklung eines kommerziellen Geräts und brachte auch bald eines auf den Markt. Doch das war sehr groß und recht plump, kaum etwas für den Haushalt daheim. Handlichere Mikrowellenherde konnte man dann ab 1952 kaufen, wenn man gerade 1295 Dollar übrig hatte. Trotz dieses horrenden Preises und der noch sehr bescheidenen technischen Ausstattung waren die Mikrowellengeräte eine Sensation.

Vater als Versuchskaninchen

Die Geschichte der Erfindungen liest sich bisweilen wie eine große Mythensammlung. Etwa dann, wenn es um die Priorität an einer Neuheit geht. Da wird es schließlich oft sogar zur nationalen Angelegenheit, wenn sich Erfinder gleich mehrerer Länder mit ihrer Erfindung in die Annalen eintragen konnten. Wobei keineswegs immer Ideenklau im Spiel ist. Denn manche Erfindungen haben eine so lange Vorgeschichte, dass sich ihr Stammbaum selbst fast im Märchenhaften verliert.

So war das auch bei einer der ganz großen Erfolgsgeschichten, dem Aspirin, als dessen Erfinder gemeinhin der deutsche Chemiker Felix Hoffmann gilt. Doch dieser griff lediglich ein Rezept auf, das vier Jahrzehnte zuvor ein anderer bereits verworfen hatte. In der Geschichte der Medizin beginnt das Ganze ohnehin bereits spätestens in der Antike. Aus dieser Zeit haben wir gesicherte Kunde, dass Heilkundige von der Weide gewonnene Arzneien bei Fieber verwendeten; Hippokrates etwa empfahl um 400 v. Chr. einen Tee aus den gelben Blättern. Gut vorstellbar ist aber auch, dass bereits viel früher Menschen Weidenrinden kauten, um ihrer Schmerzen Herr zu werden; denn diese enthalten eine Salicylverbindung, welche dem Wirkstoff im Aspirin sehr ähnlich ist. Unter dem Namen Salicin war noch im 19. Jh. eine Medizin aus Birkenrinde und Mädesüß gegen Fieber und Entzündungen in Gebrauch.

Mit der ersten synthetischen Darstellung der Acetylsalicylsäure 1853 an der Universität Montpellier in Frankreich schlug dann der Chemiker Karl Friedrich von Gerhardt ein neues Kapitel in der Schmerzbehandlung auf, freilich ohne zu erkennen, wie bedeutsam es war. Denn da er keine Vorteile gegenüber dem Salicin sah und die Herstellung zudem umständlich und zeitraubend war, ließ er die Sache auf sich beruhen. Nicht so der deutsche Chemiker Felix Hoffmann: Nachdem kein Medikament die Arthritis seines Vaters hatte lindern können, versuchte er es 1893 mit Gerhardts Substanz, denn er wusste um dessen frühere Versuche. Tatsächlich trat Milderung ein und sein Vater war fast ohne Schmerzen.

Hoffmann war Angestellter des Chemieunternehmens Bayer,

und seine Firma erkannte sofort die Bedeutung des Medikaments. Die Produktion lief an, vermarktet unter dem Namen Aspirin: »A« wie Acetylsalicylsäure, »spir« entlieh man sich beim wissenschaftlichen Namen des Rosengewächses Mädesüß (Spiraea ulmaria). Dass es zur Nummer eins in der Welt werden sollte, wenn es darum geht, Fieber und Schmerzen zu bekämpfen, ahnte man damals vermutlich nicht. Spätestens dann aber war das wirtschaftliche Potenzial klar, als es zu einem Abkupfern ganz eigener Art kam: Laut Vertrag von Versailles musste Deutschland 1919 den Handelsnamen Aspirin den Alliierten als Reparation überlassen.

Tradition trotzt Kapital

Als mittlere Sensation empfanden es manche Beobachter, als das Europäische Patentamt in München Mitte Mai 2000 ein Jahre zuvor erteiltes Patent wieder einkassierte. Auf symbolischer Ebene hätten die Streithähne unterschiedlicher kaum sein können: hier die an Gewinnen orientierten Vertreter des amerikanischen Chemiekonzerns W. R. Grace und des US-Landwirtschaftsministeriums, dort sich ausgebeutet fühlende indische Bauern und Traditionalisten.

Ebenso exotisch wie die Szenerie war der Gegenstand des Streites, ein Tausendsassa der indischen Flora, der Neem-Baum. Azadirachta indica aus der Familie der Mahagonigewächse genießt in Südasien nicht nur große religiöse Verehrung; der Baum enthält auch nützliche Inhaltsstoffe. Von den bislang 145 bekannten wirken rund 40 auf Insekten, einige nur abschreckend, einige aber auch vernichtend, weil sie in den Hormonhaushalt der Tiere eingreifen und deren Entwicklung wie Fruchtbarkeit stören.

Genau um diese ging nun die Auseinandersetzung, an deren Ende den Amerikanern das Patent auf ein natürliches Insektenvernichtungsmittel, das diese aus bestimmten Inhaltsstoffen der Samen des Neem-Baums gewannen, wieder aberkannt wurde. Wegen dieser Patentierung im Jahre 1995 hatte sich nämlich in Indien ein Aufschrei der Empörung erhoben, weil man dort das Öl schon lange in ganz ähnlicher Weise nutzt: Jahrtausendealte Texte in Sanskrit überliefern das Wissen um

die heilsame Wirkung der Wurzeln und Blätter, der Samen und Öle des Baums.
Vor diesem Hintergrund warfen nun indische Wissenschaftler den amerikanischen Vermarktern geistigen Diebstahl vor. Vandana Shiva, Trägerin des alternativen Nobelpreises und stets für den Erhalt traditioneller Methoden des Denkens und Wissens in Indien kämpfend, sprach gar von Biopiraterie und intellektuellem Kolonialismus. Das für die Patentrechtler dann letztlich entscheidende Argument lag weit entfernt von aller moralischen Wertung: Ein indisches Unternehmen hatte bereits 1985 ein ganz ähnliches Verfahren entwickelt wie später die Amerikaner und damit insektizides Neem-Öl hergestellt. Somit aber fehlte die für jedes Patent unverzichtbare Voraussetzung: die Neuheit.

Erbettelte Rezeptur für Stahl

Mit Stahl hatte Benjamin Huntsman auf den ersten Blick nichts zu schaffen. Denn er war als Uhrmacher wie als Arzt gleichermaßen tüchtig und beliebt. Und dennoch – oder gerade deshalb – scheinen sich seine Gedanken ständig um diesen Werkstoff gedreht zu haben.
Denn der damals in England erhältliche Stahl befriedigte weder seine Ansprüche an gute Uhrenfedern noch ließen sich damit chirurgische Instrumente in der von ihm erwarteten Güte fertigen. So begann er in der Schmiede seines Vaters selbst zu experimentieren, ob nicht ein nochmaliges Umschmelzen bei sehr hohen Temperaturen die gewünschte bessere Qualität brächte. Die Ergebnisse fielen offenbar zu seiner Zufriedenheit aus. Er zog in die Gegend von Sheffield, damals ein Zentrum der Hersteller von Stahlwaren.
Ganz genau wissen wir nicht, was er hier gemacht hat, denn es gibt weder Patente noch sonstige schriftliche Aufzeichnungen über seine Tätigkeit. Sicher ist, dass er dort in einer alten Eisenhütte neben den Ofen noch einen Herd gesetzt hat, auf dem er in Tiegeln aus feuerfestem Ton Stahl umschmolz und so den Tiegelgussstahl erzeugte. Leider haperte es aber mit dem Absatz des Produkts.
Die benachbarten Manufakturen wurden erst hellhörig, als

Huntsman seinen Stahl nach Frankreich verkaufte. Zunächst versuchten sie, dies auf dem politischen Weg zu verhindern: Handelsverbote sind immer wieder beliebt, um missliebige Konkurrenz zu bekämpfen. Als das nicht recht glücken wollte, griffen sie zu einem anderen unfeinen Mittel: Ein anderer Eisengießer gab sich als Bettler aus, bat um ein Nachtlager und erlangte so Zutritt zur Hütte. An Schlaf dachte er freilich nicht, sondern er beobachtete genau, wie das Verfahren von Huntsman in allen Einzelheiten ablief. Tatsächlich gelang es ihm dann auch, die abgeguckte Rezeptur nachzukochen – und nicht nur ihm.

Bildungsreisen ganz eigener Art

Abgekupfert wurde natürlich auch schon, als es noch keine Patente und Schutzrechte gab. Immerhin ist das genaue Hinsehen und kreative Nachahmen eines der Erfolgsrezepte der Menschheit. Richtige Industriespionage im heutigen Sinn gab es erst im 18. Jh. mit Beginn der Industrialisierung.

Das Land der Sehnsucht für Techniker und Mächtige war damals England, wo Dampfmaschinen stampften und Textilfabriken und Bergwerke technisch viel fortschrittlicher waren als auf dem Kontinent. Dies lockte nicht etwa nur einzelne Abenteurer oder Spekulanten an, sondern viele Zaungäste; oft waren es honorige Männer ihres Standes, oft kamen sie in höchstem Auftrag.

Carl Friedrich Bückling sollte sich etwa in Soho bei Birmingham zum Wohle Preußens das Konstruktionsprinzip der Dampfmaschine von James Watt aneignen. Die Tore der Firma Boulton & Watt standen ihm offenbar weit genug offen. Jedenfalls berichtete er nach seiner Rückkehr getreulich über Mechanismus und Maße des Originals. 1785, sechs Jahre nach Bücklings Reise, übernahm die erste in Preußen gebaute Dampfmaschine die Aufgabe der Wasserhaltung in einem Bergwerk. Doch das Duplikat pumpte nicht wie erhofft, sodass Kundschafter Bückling erneut über den Kanal übersetzen musste. Dort beschaffte er dann nicht nur einen Zylinder für die Dampfmaschine. Er warb auch gleich noch einen englischen Mechaniker an, der den preußischen Nachbau dann richtig zum Laufen brachte.

Die Insel der Sehnsucht

Nicht nur vom Kontinent, auch von Amerika aus richteten sich im 18. Jh. begehrliche Blicke nach England. Denn jenseits des Atlantiks wollte man Baumwolle nun nicht mehr nur anpflanzen und ernten, sondern eine eigene Baumwollindustrie aufbauen. Hohe Prämien winkten denen, die englische Spinn- oder Webmaschinen nachzubauen verstanden.
Mit drastischen Beschränkungen der Handelsfreiheit suchte England seine Monopole gegen die unliebsame Konkurrenz zu sichern. So erließ man hier beispielsweise Ende des 18. Jh. ein Exportverbot für Textilmaschinen, das bis zur Mitte des 19. Jh. andauerte. Trotz drastischer Strafen war der Erfolg allerdings nicht sehr vollkommen. Denn bereits 1790, noch bevor die Verordnung überhaupt bestand, war den Amerikanern der getreue Nachbau einer Spinnmaschine von Richard Arkwright gelungen. Das Wissen dafür brachte angeblich ein englischer Auswanderer mit, der die gesamte Konstruktion auswendig kannte: Was im Kopf exportiert wird, lässt sich nur schwer kontrollieren. Binnen zweier Jahrzehnte waren jedenfalls auch in den Staaten der amerikanischen Ostküste Hunderttausende solcher Spinnmaschinen im Einsatz. Bei dem nun folgenden transatlantischen Wirtschaftskrieg brachten sich beide Kontrahenten wechselseitig in höchste Bedrängnis, indem sie Preise und Mengen für Roh- und Fertigware als äußerst effektive »Munition« benutzten.
Betrachtet man diese Dimensionen, wirkt Georg Friedrich Reichenbachs Schnüfflerei geradezu harmlos. Auch ihm gelang es, in England Dampfmaschinen auszuspionieren, die damals in der Textilindustrie für Antrieb sorgten. Um ungestört ihre Funktionsweise studieren zu können, seien einige kleine Trinkgelder nötig gewesen, wie er selbst schreibt. Allerdings arbeitete die erste Dampfmaschine in der deutschen Textilindustrie dann in einer Berliner Spinnerei und nicht in München, wo Reichenbach nach seiner erfolgreichen England-Mission eine Karriere als Ingenieuroffizier in bayrischen Diensten angetreten hatte und dann – zu seiner Ehrenrettung sei es angemerkt – viele technische Eigenentwicklungen in die weißblaue Welt setzte.

Der Hüter des Musterlagers

Sie besäßen keinerlei eigene Kreativität, hätten von überall her fremde Maschinen zusammengetragen und würden diese dann im eigenen Land nur nachbauen. Das waren die stereotypen Vorwürfe, mit denen verschreckte deutsche Industrielle, Politiker und Publizisten auf die japanische Herausforderung reagierten, als das Land in Fernost in den 1970er-Jahren begann, den sich ohne jede Neigung zur Selbstkritik technisch überlegen wähnenden westlichen Industrienationen die Butter vom Brot zu nehmen. Sie verkannten dabei, dass Japan den Verbrauchern durchaus innovative Produkte in guter Qualität zu bezahlbaren Preisen anbieten konnte.

Merkwürdig ist auch, dass die Vorfahren der entrüsteten Deutschen genau dieselbe Methode gewählt hatten, als sie rund anderthalb Jahrhunderte zuvor ihrerseits technisch fortgeschrittene Völker einzuholen trachteten. Ein besonders eifriger Sammler von Ideen war damals Ferdinand Steinbeis. Schon als Zwanzigjähriger erhielt er den Doktorgrad in Philosophie für seine Ausführungen zu einem produktionstechnischen Thema, in denen er die Qualität der Arbeitsplätze und Fragen der sozialen Sicherheit der Arbeiter diskutierte. Einige Jahre später, die er in Eisen- und Hüttenwerken zugebracht hatte, schlug Steinbeis' Stunde, als er 1848 der »Gesellschaft für die Beförderung des Gewerbes« in Stuttgart beitrat, zu deren Präsident er es später sogar brachte.

Damit die Wirtschaft Württembergs prosperiere, ahmte Steinbeis nach, was immer auch ihm Erfolg zu versprechen schien. Zudem passte er seine »Erkenntnisse« den Gegebenheiten des damals für deutsche Verhältnisse noch unterentwickelten Landes an. Dazu gehörte unter anderem ein Unterrichtssystem, das den Anforderungen der sich etablierenden Industriebetriebe entsprach.

Was er auf Reisen sah, modernste Maschinen und fortschrittliche Produktionsverfahren, kaufte er auf Messen oder bei sonstigen Gelegenheiten ein. 1851 schickte er den Zeichner Johann Läpple zur Londoner Weltausstellung, damit dieser dort alle Maschinen skizziere, die für die schwäbische Wirtschaft nützlich erschienen. So füllte sich allmählich das Musterlager des Musterländles. Den Inhalt präsentierte Steinbeis dann den einheimischen Gewerbetreibenden als Vorbilder. Württemberg wandelte sich so vom Agrar- zum Industrieland.

Fremder Funke zündet Weltfirma

Erfinder genießen vermutlich eine höhere Wertschätzung als Fabrikanten. Doch im verbreiteten Bewusstsein sind es dann oft doch die Unternehmer, deren Name für die »große Erfindung« steht, möge diese auch dem Hirn anderer entsprungen sein.

1886 gründete Robert Bosch in Stuttgart eine Werkstatt. Sein Chefkonstrukteur Gottlob Honold half ihm dann dabei, aus dieser ein Unternehmen von internationalem Zuschnitt zu machen – dank seiner Erfindung. Zwar hatte Bosch bereits im Sommer 1897 nach Entwürfen der Motorenfabrik Deutz eine erste Magnetzündanlage gebaut. Die neuen schnell laufenden Benzinmotoren verlangten aber einen anderen Zünder. Und so beauftragte Bosch den Rückkehrer Honold – nach der Lehre bei Bosch hatte er dann an der Technischen Hochschule studiert –, einen geeigneten Zündapparat zu entwickeln, der als komplettes System an die Motorbauer lieferbar wäre.

Das leistete der 1901 präsentierte Honold'sche Hochspannungsapparat, der dann 1902 auch ein Patent erhielt – allerdings auf den Namen Robert Bosch. Aus unternehmerischer Sicht war dies ein äußerst geschickter Schachzug. Denn so gelang es, das Erfolgsprodukt direkt an den Firmennamen zu koppeln – übrigens ein Trick, den Bosch später noch einmal bei der Zündkerze anwendete. Obwohl das Patent 1908 nach dem Einspruch eines Wettbewerbers zurückgenommen wurde, sicherte der Hochspannungsmagnetzünder den Durchbruch des Unternehmens und war die Basis seines wirtschaftlichen Erfolgs. Auch ohne jeden Schutz dominierte das Produkt den Weltmarkt derart, dass 88 Prozent der deutschen Fertigung des Jahres 1914 in den Export gingen.

Bosch selbst hat übrigens immer erklärt, kein Erfinder gewesen zu sein. Aber er hatte eben das richtige Gespür und die Gabe, andere in diesem Sinne als Erfinder schöpferisch werden zu lassen. Wobei für Bosch – einen sozial fortschrittlich denkenden Unternehmer, der 1906 den Achtstundentag einführte – auch die Leistung der Arbeiter beim Fertigen des Produkts als ebenbürtiger Beitrag zum Erfolg zählte.

Vaterschaftsprozess um einen Käfer

»Käfer« ist VW. Wirklich? Niemand bestreitet, dass Volkswagen den Käfer gebaut und zum Erfolgsauto gemacht hat. Wohl aber gab es einen langen und heftigen Streit darüber, wer eigentlich der Vater des Käfers sei. Und am Ende hatten die Prozesskosten die Mittel jenes Mannes, der da um seine Anerkennung kämpfte, samt und sonders aufgefressen.

Tatsächlich hatte Béla Barényi bereits 1925 als Student am Wiener Polytechnikum ein Konzept für den zukünftigen »Volkswagen mit optimaler Triebwerkskonstruktion« entwickelt, der die entscheidenden Eigenschaften schon in sich vereinigte, die dann später beim Käfer zum Tragen kamen. Sein Entwurf sah eine stromlinienförmige Karosserie mit Zentralrohrrahmen vor. Motor und Getriebe saßen als einheitlicher Block im Bereich der Hinterachse. Als Antriebsmaschine sollte ein luftgekühlter Vier-Zylinder-Boxermotor im Heck tuckern.

In der Öffentlichkeit steht aber bis heute Ferdinand Porsche für den Käfer, weil er diese Idee realisierte und das Auto dann auch baute. Der Name Béla Barényi ist aber vielen heute kein Begriff mehr. Insofern war seinem Kampf um die Vaterschaft des Käfers nur ein Teilerfolg beschieden, wenngleich er ihm die Anerkennung seines Entwurfes einbrachte.

Denn für die Priorität ist es weder entscheidend, ob der Erste seine Erfindung zum Patent anmeldete, noch, ob der Zweite die Arbeiten seines Vorgängers kannte oder nicht. Was alleine zählt, ist der Zeitpunkt der ersten Veröffentlichung des strittigen Geistesblitzes. Umgekehrt beweist die mehrfache Erfindung ähnlicher Dinge nicht in jedem Fall ein Plagiat. Bestimmte Ideen hängen in einer bestimmten Epoche oft in der Luft und verschiedene Tüftler pflücken sie wie eine reife Frucht.

Das gilt in diesem Fall zumindest für den Gedanken eines Volksautos, den zuvor schon Henry Ford in den USA sehr erfolgreich umgesetzt hatte: Erstmals 1922 verließen mehr als eine Million Autos im Jahr seine Werke.

Der Graf stiehlt den anderen die Schau

Wer war gleich noch mal der erste Luftschiffer? Klar, das war Ferdinand Graf von Zeppelin, plappert vorlaut der Volksmund und sitzt schon einem der vielen Erfindermärchen auf. Denn der Zeppelin ist – seiner spektakulären Form und Geschichte wegen – vielleicht das klassische Beispiel dafür, wie ein »Erfinder« den ganzen Ruhm einheimst und die Leistung anderer dabei vergessen wird.

So experimentierte etwa Hermann Wölfert schon vor dem ersten gelungenen Start des Grafen im Jahre 1900 am Bodensee mit Ottomotoren als Luftschiffantrieben. Wie erfolgreich, darüber geben die Quellen unterschiedliche Auskunft: Während die einen das Luftschiff 1897 bei der ersten Fahrt verunglücken lassen, sehen andere es bereits 1888 erfolgreich von der Daimler-Fabrik aus über vier Kilometer in Richtung Zuffenhausen schweben. Bei aller Bewunderung für den eigentlich fachfremden promovierten Buchhändler Wölfert aus Leipzig – der Erste war auch er nicht. Zeitgleich mit ihm versuchte David Schwarz, den 1876 von Nikolaus August Otto erfundenen Viertaktmotor als Luftschiffantrieb einzusetzen. Doch schon 1883 vertraute Gaston Tissandier auf den Elektromotor und eine mitgeführte Batterie – und auch er war nicht der Erste. Denn 1872 hatte bereits Paul Haenlein für den gleichen Zweck einen Leuchtgasmotor eingesetzt. Selbstverständlich versuchte man auch Dampfmaschinen als Triebwerke für lenkbare Luftschiffe mit Propellern nutzbar zu machen – und da endlich sind wir wirklich am Anfang: Am 24. September 1852 flog der Franzose Henri Giffard von Paris aus 27 Kilometer weit, an Bord eine Dampfmaschine von 160 Kilogramm Gewicht.

»Geklaut« im strengen Sinn hat sicherlich keiner. Es lag einfach auf der Hand, die schon bekannten Flugapparate nach dem Ballonprinzip mit Antrieben auszustatten und dafür dann stets den jeweils verfügbaren besten Typ zu nehmen. Wohl aber ist es bemerkenswert, wie der Ruhm vieler vor dem eines Einzigen verblasst. Das aber hat weniger mit Technik zu tun als damit, wie jemand sich und seine Erfindungen zu verkaufen weiß: Mit den Methoden der Massenpsychologie kann man anderen offensichtlich auch die Schau – und den Erfolg – stehlen.

Falsch verbunden?

Johann Philipp Reis wusste genau, was die Welt ihm verdankte, als er, erst 40 Jahre alt, im Jahr 1874 starb. Doch die Welt hatte den Wert seiner Erfindung, des Telefons, bis dahin nicht erkannt.

Für das nötige Aufsehen sorgte einige Jahre später Alexander Graham Bell, der als Student in Edinburgh einen Apparat von Reis gesehen hatte. Bell machte Gebrauch von dieser Kenntnis, als er sich – mittlerweile Professor in Boston – mit der Physiologie des Hörens und Sprechens beschäftigte und dabei auch technische Geräte, etwa Hörhilfen, entwickelte. In dieser Zeit baute er dann seinen berühmt gewordenen Apparat, der sich im Gegensatz zum Reis'schen als Sender und Empfänger zugleich verwenden ließ: Das hölzerne Hörrohr diente, vor den Mund gehalten, als Sprechtrichter. Bells Neuerung machte Furore auf der ersten amerikanischen Weltausstellung 1876 in Philadelphia.

In Deutschland führte Generalpostmeister Heinrich von Stephan 1877 das Telefonwesen ein; auf ihn geht auch die bis heute übliche amtliche deutsche Bezeichnung »Fernsprecher« zurück. Stephan erteilte der Firma Siemens & Halske den Auftrag, Bell'sche Apparate für sein Vorhaben zu bauen. Ungesetzlich war das nicht, da in Deutschland kein Patentschutz hierfür bestand. Dennoch kann man dieses Vorgehen als nicht so ganz feinen Versuch verstehen, die amerikanische Konkurrenz auf billige Weise vom deutschen Markt fernzuhalten. Zudem wurden die Telefone auch noch zu billig verkauft, wie zumindest der Herstellerfirma befand: Die ersten Haustelefonanlagen, bestehend aus zwei Apparaten und 15 Metern Doppelkabel, kosteten damals zwölf Mark.

Kampf ums Licht

Auch den bestraft das Leben, der zu früh kommt. Statt geschäftlichen Erfolgs und ewigen Ruhms winken ihm manchmal nur langer Ärger und das Absinken in die Vergessenheit. Dieses Schicksal ereilte auch Heinrich Goebel, den Erfinder der ersten funktionsfähigen Glühlampe. Dem deutschen Uhrmacher und Optiker gelang deren Erfindung, nachdem er nach New York ausgewandert war und dort einen kleinen Laden eröffnet hatte. Dessen Schaufenster illuminierte er dann mit seiner neuen Lampe, die 1854 endlich elektrisches Licht in die Welt brachte. Goebel verwendete für sie – nach vielen gescheiterten Versuchen mit anderen Materialien – einen verkohlten Bambusfaden, den er in eine luftleere Flasche einschmolz. Angeblich brachte ihn ein Spreisel seines Spazierstocks auf diese Wahl. Dass die Anordnung nur im Vakuum funktioniert, wusste man schon vor Goebel; frühere Experimentatoren hatten die Erfahrung gemacht, dass die vom Strom zur Weißglut erhitzten Leiter nicht lange leuchteten, weil der Luftsauerstoff sie zerstörte.

Die Lorbeeren trug freilich nicht Goebel davon, sondern Thomas Alva Edison. Er führte, ebenfalls in New York, seine Kohlefadenglühlampe zwar erst 25 Jahre später vor, gilt aber allgemein dennoch als Erfinder der Glühbirne. Im Gegensatz zu Goebel, der sich nie um ein Patent bemüht hatte, ließ Edison sich sein Produkt rasch patentieren. In der Folge musste er dann so kostspielige Patentprozesse führen, dass ihm seine Erfindung nach eigenem Bekunden kaum noch Gewinne einbrachte.

Edison hat aber zweifellos nicht nur bei Goebel abgekupfert. In systematischer Laborarbeit testete er Materialien und verbesserte die Ausstattung der Lampe: Sein Gewindesockel gibt der Glühlampe ihr bis heute übliches Aussehen.

Zudem verfolgte Edison einen weitgespannten Plan: Ließ sich mit der Glühbirne nicht eine flächendeckende elektrische Beleuchtung in den Städten erreichen? Die Umsetzung dieser Idee ging er recht waghalsig an. Ohne ein fertiges Produkt vorweisen zu können, startete er eine Pressekampagne – und löste damit eine Börsenpanik aus: Die Gaslichtaktien sackten in den Keller. Edison selbst aber fand finanzkräftige Partner, mit deren Geld er die Edison Electric Light Company gründete. Goebel aber war vergessen. Nur in seiner alten Heimat, im niedersächsischen Springe, erinnert man sich noch an ihn, wovon nicht nur Denkmäler und Straßennamen zeugen. Bürger dieser Stadt zogen sogar gegen die *Brockhaus Enzyklopädie* ins Feld, als diese in einer Neuauflage kein eigenes Stichwort zu Goebel mehr vorzuweisen hatte.

Forschergeist denkt nicht an Mammon

Thermoskannen waren zunächst nicht mit heißem Kaffee gefüllt. Und einen ganz anderen Namen trugen sie obendrein. Die ursprüngliche Bezeichnung »Dewar-Gefäß« ist bis heute noch unter Physikern geläufig, die darin flüssige Luft transportieren und aufbewahren. Genau zu diesem Zweck erfand sie der schottische Forscher James Dewar ja auch. Seine Entwicklung betrachtete er in bester Tradition als einen Beitrag zur Wissenschaft, weshalb er sie nie patentieren ließ.

Das besorgte dann später der deutsche Glasbläser Reinhold Burger, der für Dewar 1892 das doppelwandige Glasgefäß herstellte, Herzstück jeder Thermoskanne. Das Prinzip ist, dass eine kleine Flasche in einer größeren steckt, von dieser durch einen luftleeren Zwischenraum getrennt: Das Vakuum unterdrückt die Wärmeleitung, die sehr kalte flüssige Luft ist also gut von der viel wärmeren Umgebung abgeschlossen; zusätzlich sind die Wände des Gefäßes mit einer reflektierenden Silberschicht dünn überzogen.

Durch diesen Auftrag erfuhr Burger von dem Prinzip, doch er vereinnahmte es nicht einfach auf billigste Weise. Denn ihm kam der zündende Gedanke, damit heiße Flüssigkeiten warm zu halten, woran Dewar gar nicht gedacht hatte. Kurz, er sah die vielen Möglichkeiten, das Gefäß jenseits der begrenzten wissenschaftlichen Verwendung im Alltag einzusetzen und zu vermarkten. Deshalb entwickelte er für den Haushalt eine kleinere Version und umgab diese zum Schutz mit einem Metallmantel. Diese Variante ließ er sich 1903 patentieren.

Weil Burger noch einen werbewirksamen Namen für sein Produkt suchte, lobte er einen Wettbewerb aus. Unter den Zuschriften befand sich auch der bis heute gebräuchliche Begriff »Thermosflasche«. Wie sehr Burger damit ein offenkundiges Bedürfnis der Zeit erkannt hatte, unterstreicht übrigens auch die Verbreitung der Erfindung in den USA: Der

sem Schema nicht, so brechen die Fußgänger aus und trampeln sich eigene Pfade direkt zum Ziel.

Idealstadt stark verstopft

Ein unzufriedener Geist, der große Lösungen sucht, zeigt sich oft schon früh. Manchmal übersieht er dann aber vor lauter schönen Plänen die wichtigen Hindernisse völlig.

Im Alter von 16 Jahren schwankte Konrad Zuse, der später einmal den Computer erfinden sollte, zwischen den Berufswünschen Ingenieur und Künstler. Als Oberprimaner unternahm er einen ersten Großentwurf, sein Metropolis, eine 35-Millionen-Stadt, gebaut nach den Anforderungen der Verkehrstechnik. Das war Ende der zwanziger Jahre durchaus Ausdruck des Zeitgeistes, nicht nur des berühmten Filmes gleichen Namens wegen, den Fritz Lang 1926 gedreht hatte. Auch die Zeitschriften jener Tage geizten nicht mit mancherlei Plänen fantastischer Städte. Diese variierten mehr oder weniger zwei Systeme: das amerikanische Schachbrettmuster oder die auf ein Zentrum orientierten Straßenzüge.

Zuses Idealstadt kombinerte beide. Zuse löste das zentrale Straßensystem der Peripherie zum Zentrum hin in ein homogenes auf; die Straßenschluchten schnitten sich dabei in 60-Grad-Winkeln statt in rechten Winkeln. Für die Kreuzungen auf mehreren Ebenen schlug er ein »Kleeblatt« vor, nach Zuses Worten eine typische Mehrfacherfindung, die damals vielerorts etwa gleichzeitig aufkam. Außerdem ersann er ein kompliziertes System langsamer Lokal- und schneller Expresszüge, zwischen denen das Umsteigen während der Fahrt durch Ankoppeln erfolgen sollte. Über die Frage der Sicherheit machte sich Zuse keine Gedanken.

Was die Automobile betrifft, so hatte er zwar die Dynamik und die Gesetze des fließenden Verkehrs sehr gut erfasst, ohne freilich an den ruhenden Verkehr auch nur einen Gedanken zu verschwenden. »Erst heute ist mir richtig bewusst«, resümiert er in seinen Lebenserinnerungen, »wie einseitig mein Entwurf auf Verkehrsprobleme eingestellt war.«

Die in die Röhre gucken

Was den Deutschen ihr Transrapid ist, ist den Schweizern Swissmetro. Der Hochgeschwindigkeitszug der Eidgenossen soll dereinst, angetrieben von Linearmotoren, unter der Erde mit fünfhundert Kilometern pro Stunde durch das Teilvakuum eines Röhrensystems brausen – gewissermaßen eine U-Bahn durch die ganze Schweiz, wobei die Nord-Süd-Linie Basel mit Bellinzona, die Ost-West-Linie Sankt Gallen mit Genf im Halbstundentakt mit Zügen für 800 Passagiere verbinden soll. Doch die Regierung bereitete den Enthusiasten schon bei der Teststrecke Genf – Lausanne eine Enttäuschung, weil sie eine schlüssige Finanzierung vermisste und sich zu einem eigenen milliardenschweren Engagement nicht bereit zeigte. Nun richten die Planer ihr Augenmerk auf eine alternative Strecke, mit der sie die Flughäfen von Basel und Zürich verbinden wollen: Sie locken mit einer Fahrzeit von lediglich fünfzehn Minuten.

Gondoliere in idealen Welten

Etwa um 1490 ersann Leonardo da Vinci eine Stadt, in der die Keller der Häuser mit Booten befahrbar waren. Auf dem Papier wusste Leonardo natürlich, dass die Keller bei Hochwasser nicht überflutet werden dürfen und bei niedrigem Wasserstand nicht trocken fallen sollten. Deshalb fordert er für seine Idealstadt auch gleich noch den idealen Fluss. Man müsse für den Bau einen Platz wählen, an dem sich der dafür geeignete Fluss mit Kanälen umleiten und der Wasserstand stets regulieren lasse. Außerdem müsse der Fluss klar sein und nicht etwa bei Regengüssen schlammig werden. Zudem solle er eine gute Strömung vorweisen, um auch eine reinigende Wirkung zu haben. In den Kanälen abgelagerter Schlamm sei nach Öffnen des unterhalb der Stadt gelegenen Schleusentores mit Haken und Rechen zu entfernen, und zwar einmal jährlich.
Wir sehen schon, wo vermutlich das Hauptproblem des großen Entwurfes liegt: Hat man einen geeigneten Fluss, so ist gerade dort wohl keine Stadt vonnöten, und würde man gern

eine Stadt nach diesem Vorbild erschließen, so wäre gewiss der sie passierende Fluss gänzlich ungeeignet. So blieb denn Leonardos Entwurf in dieser Form auch ein rein papierenes Konstrukt.

Mediterrane Schwärmereien

Beglückte Leonardo da Vinci seine Mitmenschen nur mit Idealstädten, so wollten andere Erfinder gleich Kontinente und Meere umwälzen. Herman Sörgel schwebte wahrhaft Gigantisches vor. Atlantropa hieß sein zwischen 1928 und 1932 entwickeltes Projekt, das Europa und Afrika zusammenrücken lassen sollte – durch Absenken des Mittelmeers um 100 bis 200 Meter.

Die rein technische Seite nahmen Sörgels Zeitgenossen durchaus ernst: So gab es lebhafte Diskussionen über mögliche Folgen für die Umwelt; auch das gewonnene Neuland hielten manche wegen Versalzung für unbrauchbar. Kernstück von Atlantropa sollten drei riesige Staudammsysteme sein: das erste an der Meerenge von Gibraltar, das zweite zwischen Sizilien und Tunesien, ein drittes bei den Dardanellen. Mit ihrer Hilfe wollte Sörgel elektrischen Strom in gewaltigen Mengen gewinnen, die dem gesamten Projekt die Wirtschaftlichkeit sichern sollten. Für den Damm bei Gibraltar, immerhin ein Bauwerk von 14 Kilometer Länge und mit einer Basis von 2,5 Kilometer Breite unten am Meeresgrund, ließ er sogar Studien zur Finanzier- und Machbarkeit erarbeiten.

Tatsächlich erfuhren Sörgels Ideen nach dem Zweiten Weltkrieg noch einmal für wenige Jahre Interesse. Genau in jener Zeit aber verlor seine einst verlockende Vision an Strahlkraft: Energie aus Wasserkraft im Überfluss zu gewinnen. Denn die Industrienationen hatten nun gerade begonnen, mit sehr viel Kapitaleinsatz die Kraft des Atomkerns zu erschließen.

Der große Korrektor

Unumstritten war er schon damals nicht, als man ihm noch Denkmäler setzte: Gottfried Friedrich Tulla, Wasserbauingenieur und Gründer des Polytechnikums Karlsruhe, der

heutigen Technischen Universität. Im Jahre 1800 erhielt er den Auftrag, einen brauchbaren Hochwasserschutz für den Oberrhein zu entwerfen. Das 1813 begonnene und erst 1870 vollendete Werk, die Tulla'sche Rheinkorrektion, war ein gewaltiger Eingriff in die Natur, wie ein Blick auf alte Karten schnell erkennen lässt.
Von mehreren theoretischen Möglichkeiten blieb Tulla praktisch nur eine: den Rhein durch Einbauten zu zwingen, sich selbst ein tieferes Abflussbett zu graben. Das Geniale an dieser Idee ist ihre bestechende Einfachheit. Auch die Natur selbst bedient sich dieses Prinzips, wie Tulla vermutlich an Schwarzwaldbächen und Rheinarmen studiert hat. Also verbaute er die vielen Altrheine durch Buhnen und zwang den Strom, mit seiner Hochwasserwelle neue Durchlässe dort zu graben, wo Tulla das von ihm geplante 200 Meter breite Rheinbett haben wollte. Tausende Arbeiter bauten binnen vier Jahrzehnten zwischen Basel und Straßburg 240 Kilometer Dämme und weitere 200 Kilometer Querriegel, oftmals unter der Aufsicht vieler Soldaten. Denn immer wieder verjagten erzürnte Anwohner kleinere Trupps, weil sie nicht an das Werk glaubten, für das sie auch noch Frondienst leisten sollten. Die große Rektifikation gelang, und am Ende zeigten sich die Rheinanlieger zufrieden, denn Tulla hatte die gefürchteten Hochwasser wirklich besiegt.

Mit Pistolen Fliegen jagen

Keinerlei Grenzen scheint der menschliche Einfallsreichtum zu kennen, wenn er sich unliebsamer Vertreter aus dem Tierreich entledigen will. Kann man wirklich mit Kanonen auf Spatzen schießen, wie der Volksmund sagt?
Rasmus Petersen aus New Jersey erfand eine trickreiche Pistole, mit der man sich lästiger Insekten erwehren kann. Statt einer Kugel schiebt sich eine Stange aus dem Lauf, wenn der Fliegenjäger abdrückt. Vor der Mündung schnappen sich zwei Greifer blitzschnell den anvisierten Störenfried und zerquetschen ihn. Damit dabei wenigstens die Zimmerdecke heil bleibt, empfahl der umsichtige Erfinder übrigens eine weiche Polsterung für die Greifer.

Gute Mäuse sind tote Mäuse?

Gibt's doch schon! Der Einwand beeindruckt Erfinder vermutlich am wenigsten. Wie sonst könnten sie sich gerade auf wirklich sehr verbreitete Dinge mit besonderer Leidenschaft stürzen, zum Beispiel auf Mausefallen? Allein das amerikanische Patentamt muss jährlich zwischen fünfzig und hundert entsprechende Anträge prüfen, und fast drei Viertel davon stellen sich tatsächlich als patentierbar heraus. Trotzdem sind die wenigsten ein Erfolg, viele schaffen es nicht einmal bis auf den Markt.
Das erste US-Patent für eine Mausefalle datiert übrigens aus dem Jahr 1838. Selbst damals galt diese Erfindung schon als alter Hut, da bereits in der griechischen Antike entsprechende Vorrichtungen gebräuchlich waren. Aber dieses amerikanische Modell entpuppte sich dann als ausgesprochener Longseller, gleicht es doch sehr der noch heute gängigen Bauart mit dem Schnappbügel.
Eher zurückhaltend sind die Verbraucher offenbar bei Lebendfallen. Vielleicht deshalb, weil sie ein Problem nur durch ein neues ersetzen: Hat man endlich die Maus gefangen, ist das edle Bewusstsein zunächst zwar gerettet, doch sogleich wieder bedroht. Denn sofort stellt sich die Frage: Was nun?
Dieses Problem ist gewiss besonders lästig, und ein Amerikaner löste es geradezu beängstigend perfekt: Entdeckt der elektronische Sensor eine Maus in der Kammer seiner Falle, so löst er eine Art Harpune aus, welche die Maus tötet. Zwei Platten quetschen das Tierchen zusammen, eine von Strom durchflossene Spule verbrennt den Kadaver. Sensible Naturen bleiben vom unangenehmen Geschäft des Vernichtens weitgehend unberührt, bringt dieses Hightech-Wunderwerk doch ganz allein einen neuen Köder an und die Harpune in die Ausgangsstellung zurück.

Mit Honig fängt man Flöhe

Schön einfach machte es sich Rudolph Bosshard aus Los Angeles mit seiner patentierten Flohfalle. Denn das war einfach eine flache Dose mit Löchern im Deckel. Der zu fangende Floh sollte beim Hüpfen durch eines der Löcher in die Falle

fallen und dort an einer am Boden befindlichen Masse kleben bleiben. Nach Öffnen der Dose ließen sich die Quälgeister entfernen.
Ganz so neu war das freilich nicht, als es der Amerikaner um 1900 erfand. Denn bereits 1727 beschreibt eine Schrift »Die Neuerfundene Curieuse Floh-Falle zu gäntzlicher Ausrottung der Flöhe«. Auch da begegnen wir einer Büchse mit einem mit Honig bestrichenen Stempel im Innern, an dem der Floh kleben bleiben soll. Die sinnreiche Vorrichtung ließ sich dann an bedrohter Stelle im Dekolleté tragen. Noch früher aber setzten die Damen von Welt gleichsam auf eine Doppelstrategie gegen die lästigen Blutsauger: Im 15. und 16. Jh. trugen sie kleine Pelze und erwehrten sich überdies mit ihren Schoßhündchen der Plage.

Als die Wanne durchs Bett rollte

Haben Sie in Ihrer Wohnung keinen Platz für eine Badewanne? Vielleicht hilft Ihnen dann der aufblasbare Badesack von James Franklin King aus Milwaukee. Entweder man füllt den wasserdichten Sack, bevor man hineinsteigt; oder man schlüpft erst ins Innere, zieht den Sack dann zu und lässt durch ein Ventil Wasser einlaufen.
Aber halt! Wie regelt man die Temperatur? Wenigstens für die Waschprozedur hat der Erfinder präzise Vorschriften parat: Denn dazu genügt es, sich im Wechsel aufzurichten und wieder in die Hocke zu gehen. Zu anstrengend? Probleme mit dem Gleichgewicht? Macht nichts. Alternativ ist es auch möglich, einfach im auf dem Bett liegenden Badesack hin und her zu rollen, weiß die kluge Gebrauchsanleitung.

Kondome lieben Brahms?

Ungemein spannend ist die Geschichte des Kondoms. Vergleichbare Mittel zur Empfängnisverhütung gab es bereits in der römischen Antike. Weitere Vorformen waren medikamentengetränkte Leinensäckchen, später die in Frankreich aus Blinddarmmembran hergestellten »französischen Blasen«. Nach dem Siegeszug der Pille fast schon tot geglaubt, hauchte das Auftreten der durch das HI-Virus verursachten Immunschwäche Aids dem Gummischutz neues Leben ein. Das gute alte Präservativ feierte fröhliche Urständ im neuen, hauchdünnen Gewand, in allen Regenbogenfarben schillernd, mit genoppten und gezackten Latexauswüchsen.

Ein Kondom, das sprechen, singen und musizieren kann, ließ Paul Lyons aus Southbridge in Massachusetts 1992 patentieren. Ein Soundchip, am dem Körper anliegenden Ende eingearbeitet, sorgt für die Flüsterstunde. Ob dieses Kondom aber geeignet ist, die Lust zu mehren? Oder die Partner zu regerem Gebrauch der bislang oft verschmähten Kondome animiert?

Eierköpfer schlagen Messer nicht

Artur Fischer wies einmal darauf hin, dass heute oft nur noch die kleinen Dinge bedeutende Marktanteile gewinnen können. Er weiß, wovon er spricht, denn er hält nicht nur eine Menge Patente vom Blitzlicht bis zum Dübel, er hat auf ihrer Basis auch ein erfolgreiches Unternehmen aufgebaut. Er kennt aus eigener Erfahrung aber ebenso jene Erfindungen, die nur dem Schöpfer schmeicheln und keinerlei praktische Bedeutung haben.

Fischer sollte nämlich einmal eine Eierköpfmaschine erfinden, weil viele Hotelgäste Probleme beim Öffnen der Frühstückseier hätten. Trotz gewaltigen Verzehrs an Testeiern, erinnert er sich amüsiert, blieb der Erfolg gleich null. Denn die Hühner wollten partout keine gleich großen Eier legen. So kam es, dass der gebastelte Eierköpfer im äußersten Fall das Ei schon einmal gänzlich unterhalb der geometrischen Mitte durchhieb. Zudem katapultierte das federgesteuerte Schlag-Köpf-Messer die abgetrennten Eierspitzen kreuz und quer durch den Raum. So konnte denn auch das Deutsche Patentamt keine Vorteile an dieser Eierköpfmaschine entdecken: »Dies ist keine Erfindung, es ist nicht einmal eine sachgerechte handwerkliche Maßnahme«, beschied man den Patentweltmeister Fischer. Doch ihm ging es nicht allein so: Dutzendweise tauchten im Prüfungsverfahren andere Vorschläge für Eierköpfer auf, die allesamt auf der Strecke blieben. Den allseits bekannten und unschlagbar billigen Hieb mit dem Messer gegen die Eierspitze konnte keiner übertreffen.

Hühnereier fest im Griff

Eine »überaus praktische Eierzange« schnellte Ende des 19. Jh. aus den Startlöchern und machte sich anheischig, die Haushalte zu erobern. Als sie damals zum Patent angemeldet wurde, sagte man ihr tatsächlich einen riesigen Erfolg voraus. Denn die beiden Zangenhälften zierten zarte Dornen, welche sich gleichwohl fest in die Eierschalen bohrten und das Ei somit gewissermaßen fest im Griff hatten. Eine sichere Sache also für den Feinschmecker beim Versuch, das warme flüssige Eigelb an den Gaumen statt auf den Anzug zu befördern.
Allein, die Eierzange löste die erhoffte Revolution mitnichten aus. Ob es nun daran lag, dass ein schnödes Hühnerei nun doch ein wenig gewöhnlich für Umstürze in den Tischmanieren ist? Jedenfalls waren es am Ende tatsächlich die schlichten Eierbecher, welche der kunstvollen Zange den Rang abliefen – und ihn bis heute behielten.

Träume vom Fliegen

Es gibt sie noch immer, die vollkommenen Träumer unter den Erfindern, die gegen alle Grenzen anrennen und niemals etwas Nützliches für die Allgemeinheit hervorbringen. Dennoch sind gerade sie nicht die schlechtesten Vertreter der Zunft, denn ihrem ganzen Wesen nach sind es eigentlich eher Künstler, die uns mit ihren Träumen anzustecken vermögen.
Einer von ihnen war Gustav Mesmer, auch bekannt als der »Ikarus vom Lautertal«. Er stammte aus der Ravensburger Gegend und konstruierte zeitlebens muskelbetriebene Flugapparate, denen er so fantasievolle Namen verlieh wie »Luftschaukel-Drachen-Deck-Flugfahrrad« oder »Drachen-Raum-Schiff«. Wirklich geflogen sind sie allesamt nicht, aber mit seinen Zeichnungen und Gedichten hält der Erfinder-Künstler bis heute sein Sehnen für uns erahnbar wach.
Vorbildung hatte Mesmer nicht. Mit elf Jahren musste er krankheitshalber die Schule verlassen, arbeitete dann auf verschiedenen Bauernhöfen und verbrachte sechs Jahre als Bruder im Kloster Beuron. Kurz vor dem Gelübde verließ er aber das Kloster und wurde kurz darauf auffällig, als er die Konfir-

mationsfeier in einer Kirche störte. Das brachte ihn 1929 in die Heilanstalt Bad Schussenried; jahrzehntelang blieben psychiatrische Kliniken seine Heimat.
Schon während dieser Zeit erfand Mesmer Flugmaschinen, wie spärliche Notizen auf Krankenblättern festhalten. Endlich entlassen, zog der nunmehr 61-Jährige 1964 in ein Altersheim auf der Schwäbischen Alb. Hier endlich erhielt er auch eine kleine Werkstatt und sprühte fortan vor Kreativität. Mit seinem zum Fluggerät umfunktionierten Damenfahrrad erregte er mächtig Aufsehen. Nach seinem Tod hinterließ er rund 500 Arbeiten. Es war ihm sogar vergönnt, noch zu Lebzeiten Ruhm zu erfahren, als seine Erfindungen auf Ausstellungen von Recklinghausen bis Lausanne große Begeisterung auslösten. Und eines seiner Flugfahrräder illustrierte im Deutschen Pavillon der Weltausstellung in Sevilla 1992 gar den »Traum vom Fliegen«.

Baby nuckelt schwerelos

Was erfindet eine junge Mutter? Na klar, eine Babyflasche. So will es das Klischee. Aber die 26-jährige Patricia Gourinat erfand nicht einfach irgendeine Babyflasche. Ihre Schöpfung, die sie zum Patent angemeldet hat, ist weltraumtauglich. Dort nämlich, in der Schwerelosigkeit, nuckelt sich es anders. Flüssigkeiten ballen sich zu Kugeln, und nach dem ersten Schluck lässt sich nichts mehr aus normalen Babyflaschen saugen, weil der Druck fehlt.
Völlig normal schaut Gourinats Flasche von außen aus. Im Innern aber brachte die Erfinderin einen Ballon an, der sich aufblasen lässt und dann für den nötigen Druck auf die Milch sorgt. Eines Tages, da ist sich die weltraumbegeisterte Mutter aus dem Elsass sicher, werden im All Kinder geboren werden, die dann natürlich funktionsfähige Fläschchen brauchen. Das scheint auch der unterelsässische Generalrat so zu sehen. Jedenfalls gewährte er für die Erfindung eine Förderung von 100000 Franc. Aber vielleicht stellt sich bis dahin schon ganz irdischer Erfolg ein. Die Flasche ist nämlich auch unter dem Joch der Schwerkraft höchst nützlich für Frühgeborene und für behinderte Menschen.

Auf oder in den Mond gucken

In Sachen Mond prescht Japan vor. Vielleicht in der Hoffnung, völlig neue Touristenwelten zu erschließen, nachdem auf Erden mittlerweile selbst die Polarregionen komfortabel zu erreichen sind?
Sollten die Szenarios Wirklichkeit werden, so dürften Mitte des 21. Jh. 10000 Menschen Mondsiedlungen bewohnen. In Japan weiß man sogar schon, wie diese aussehen könnten: Auf dem Reißbrett prangen sie bereits, die an Bienenstöcke erinnernden Mondhäuser, die mit ihrer Schneckenform den heranbrausenden und von keiner Lufthülle gebremsten Meteoriten trotzen sollen. Auch sonst sind die Bedingungen mit Temperaturen, die zwischen –190 °C und +137 °C schwanken, alles andere als gemütlich, von der jegliches Leben schädigenden kosmischen Strahlung einmal ganz abgesehen.
Den idealen Baustoff haben die japanischen Konstrukteure auch schon ausgemacht: Es ist, ganz irdisch, Beton. Japanische Firmen investierten viel Geld, um die geeignete Bautechnik und die passende Architektur zu entwickeln. Ob sich das irgendwann auszahlt? Jedenfalls sicherten sie sich ihre Erfindungen schon lange vor dem ersten Spatenstich mit Patenten, damit wenigstens in dieser Hinsicht nichts schiefgehen kann.